高等院校艺术与设计专业"互联网+"创新规划教材
21世纪高等院校艺术设计系列实用规划教材

服装专题设计

（第2版）

陈金怡　蔡阳勇　编著

北京大学出版社
PEKING UNIVERSITY PRESS

内 容 简 介

　　本书为涉及面广、实用性强的服装设计专业教材，主要内容包括绪论、服装造型创意设计、服装色彩与图案创意设计、服装面料再造设计、服装装饰工艺设计、经典服装风格的设计、民族服装风格的设计、前卫另类服装风格的设计、服装产品设计、服装设计大赛参赛系列设计和服装结构设计案例11个部分。本书注重引导学生进行多向性的设计元素探索，帮助其突破传统框架的限制，提高创新的设计能力。

　　本书可作为高等院校服装设计专业的教材，也可作为从事服装设计人员及服装设计爱好者的参考用书。

图书在版编目 (CIP) 数据

服装专题设计 / 陈金怡，蔡阳勇编著. —2 版. —北京：北京大学出版社，2017.5
(高等院校艺术与设计专业 "互联网 +" 创新规划教材)
ISBN 978−7−301−28309−7

I. ①服… Ⅱ. ①陈…②蔡… Ⅲ. ①服装设计—高等学校—教材 Ⅳ. ① TS941.2

中国版本图书馆 CIP 数据核字 (2017) 第 112984 号

书　　　　名	服装专题设计 (第 2 版)
著作责任者	陈金怡　蔡阳勇　编著
策 划 编 辑	孙　明
责 任 编 辑	孙　明
标 准 书 号	ISBN 978−7−301−28309−7
出 版 者	北京大学出版社
地　　　　址	北京市海淀区成府路 205 号　100871
网　　　　址	http://www.pup.cn　　　新浪微博：@ 北京大学出版社
电 子 信 箱	pup_6@163.com
电　　　　话	邮购部 62752015　　发行部 62750672　　编辑部 62750667
印 刷 者	北京宏伟双华印刷有限公司
发 行 者	北京大学出版社
经 销 者	新华书店
	787 毫米 ×1092 毫米　16 开本　10 印张　230 千字
	2010 年 5 月第 1 版
	2017 年 5 月第 2 版　　2023 年 1 月第 6 次印刷
定　　　　价	56.00 元

前　言

　　服装行业要发展，需要有新的教学作为支撑，需要有大批高素质和有时尚创新能力的服装设计师来完成，这就对现行的服装教学提出了新的要求。服装专题设计是服装设计专业的重要课程之一，该课程可使学生通过特定的专题项目进行研究式的学习，在其把握服装设计基础知识的前提下，引导其进行多向性的元素探索，尽可能地不拘泥于一个方向或一种模式，以突破传统框架的限制，提高创新的设计能力。

　　我国服装设计专业在教学思想与方法上，大多数还是采用单一传统的灌输型教学方法，缺乏创新意识，这使得学生所学习的内容偏重于书面知识，仅围绕服装设计效果图和裁剪技能下功夫，创新意识极其淡薄。本书内容丰富详细、图文并茂，注重提高学生的视觉审美及创新思维能力，尤其是书中穿插的大量的作品案例为学生进行设计提供了很好的灵感启发。本书内容结构如下：

　　第1章主要讲述服装设计的相关概念及分类。

　　第2～5章着重从服装设计元素的角度出发，分别对服装造型创意设计、服装色彩与图案创意设计、服装面料再造设计和服装装饰工艺设计的内容进行系统阐述。要求学生对服装设计的基础知识有一定的了解后，通过创新思维能力的培养，提高其素材收集及创意设计等方面的能力。

　　第6～8章对服装风格的设计进行分类和详细的介绍，主要包括经典服装风格的设计、民族服装风格的设计和前卫另类服装风格的设计。要求学生理解不同服装风格设计的特征，了解代表不同风格的服装设计师的作品特点，掌握素材收集的借鉴和运用，注重培养自身的创新设计能力。

　　第9章对市场上常见的服装产品类别进行了详细分析，要求学生掌握各服装产品类别的设计特点及方法，把握服装市场的流行信息，培养适应服装市场需求的实际设计能力。

　　第10章是根据目前高等院校服装设计学生实际参赛的情况编写的，介绍了国内主要的服装设计大赛类别，分析了大赛系列设计的方法和要求，并通过分析学生实际参赛设计的作品案例，有助于学生掌握参赛设计的思路和方法，从而激励其踊跃参加设计大赛。

　　第11章对前几章提到的一些典型的服装款式进行了结构设计分析，着重培养学生对服装结构设计的实际运用能力，并通过一定的实践基础训练，培养其从款式设计到结构设计的综合设计能力。

　　本书是采用了"互联网+"信息技术手段的创新教材，体现了"互联网+"的特点，结合该课程教学目标和实践能力目标，将课程相关的学习素材通过二维码链接融入本书中，读者可

通过扫描书中的二维码阅读更丰富、更直观的拓展知识内容。

在本书编写的过程中，我们从许多服装专业书籍及服装设计师的作品中得到了很多有益的启示，还得到了许多领导及朋友的热情帮助和指导，在此对他们一并表示衷心的感谢！尤其要感谢华南农业大学艺术学院服装系马宏林老师为本书进行了大量的资料收集工作。

最后，希望读者能够从本书中得到更多、更好的启发，尤其希望高等院校服装设计专业的学生能够从本书中得到更全面的知识和信息，使自己的视觉审美及创意设计能力能够得到提高。

由于时间仓促，编者水平有限，本书难免有疏漏之处，恳请各位读者批评指正。联系电子邮箱：281573771@qq.com。

编　者
2017年3月

课程教案
【参考图文】

目　　录

第1章 绪 论

1.1 服装设计的定义

　　服装是与人类生活息息相关的物品，是指人与衣服的总和，它包含实用和艺术的属性。服装作为人们生活基本需求的四大要素（衣、食、住、行）之首，在社会的发展中占有重要的地位。我们通常所说的衣服只是纯物质的形态，不涉及着装者的因素。而服装是衣服与人、环境和谐统一存在的状态，因为任何服装都处在一定的空间、时间及环境当中，离开一定的空间、时间及环境的服装是不存在的，见图1.1。另外，服装还需要与装饰配件进行有序的、协调的、互补的搭配，因为服饰配件可以起到画龙点睛的作用，可以使着装整体效果更完整，见图1.2。一般的服饰配件包括首饰、头饰、鞋、包、腰带、手套等。随着服装的不断更新与发展，服饰配件也逐渐成为服装不可缺少的一部分，而且它所起到的作用也越来越突出。

图1.1 服装与环境的协调统一

任何服装都处在一定的环境中，并与环境协调并存。

图1.2 Chanel经典配饰的搭配

服装只有与配饰进行搭配才能使整体着装效果统一完整，图中Chanel品牌的配饰与服装风格完美统一。

Chanel 经典
配饰的搭配
【参考视频】

服装与环境
的协调统一
【参考图文】

服装在人们的社会生活中有着重要的位置。服装不仅能够体现人的审美修养，还体现了一个社会的文化、艺术、经济和科技的发展状况，见图1.3。综观服装的发展史，服装无不体现了一个国家、民族的发展状况。在阶级社会中，服装是社会地位与权力的标志，见图1.4。而到了现代社会，服装已渐渐淡化了人们之间的等级差异，并且随着社会的进步和科学技术的发展，人们对服装产生了新的要求，开始赋予"服装"以更新的含义。

1.3

1.4

刺绣与龙纹
【参考视频】

哥特式着装
【参考图文】

图1.3 反映哥特时代的男女服装

15世纪的欧洲，在战争和瘟疫的摧残下，人口剧减，妇女以多产为荣，怀孕妇女的形态成为当时社会妇女的理想形象。

图1.4 象征地位权力的刺绣补子纹样

在我国的封建社会里，人们的着装有着严格的等级制度，其中黄颜色、龙图案等元素象征了最高的权威。

服装设计是指对服装产品方案的构思与计划，以服装为对象，运用恰当的设计语言来完成为人着装状态的创造性行为。服装设计是集实用功能与审美功能于一体的，是功能、材料和设计技法的统一体。服用功能是服装所能产生的作用，必须考虑人的着装效用，这也是设计师首先要考虑的问题；服用材料是设计赖以存在的物质条件，服用材料的多样性也会给服装的设计带来多样性；设计技法是将服用功能和服用材料结合起来的重要保证，有了好的技法才能更好地表现服装的效果。

1.2 服装专题设计

服装专题设计是服装设计专业的重要课程，它把服装设计的艺术性、科学性、商业性融为一体，根据服装行业和市场的需求，在开设基础和专业性教学课程的基础上，对设计课程进行细分，并从不同的角度、不同的思维方式对学生进行有目的、有系统、有针对性的课程教学，从而实现对学生综合设计能力的培养。服装设计中的专题设计所涉及的课程广泛，分类较详细，本书主要分为服装造型创意设计、服装色彩与图案创意设计、服装面料再造设计、服装装饰工艺设计、经典服装风格的设计、民族服装风格的设计、前卫另类服装风格的设计、服装产品设计、服装设计大赛参赛系列设计等部分，见表1-1。

表1-1 服装专题设计的内容介绍

专 题 名 称	主要内容及目的
服装造型创意设计	分别从服装的外型、线型分割及部件设计的角度分析造型的创意设计，主要提高学生对造型的理解及设计的创新能力
服装色彩与图案创意设计	着重分析服装色彩与图案的灵感素材收集方法，培养学生对事物的观察能力，启发学生从常见的事物中获取设计素材
服装面料再造设计	介绍常见的面料再造方法及再造的灵感源泉，并通过设计作品案例启发学生的再造能力
服装装饰工艺设计	分别从平面的装饰和立体的装饰两方面介绍不同类别的工艺方法，注重培养学生对这些工艺方法的掌握能力，以及培养学生的动手实践能力
经典服装风格的设计	通过对经典服装风格设计元素的介绍，使学生理解经典服装风格所具有的特征，并结合设计师的代表性设计作品案例分析其设计的特点

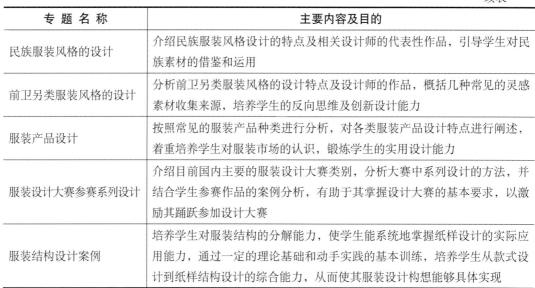

专 题 名 称	主要内容及目的
民族服装风格的设计	介绍民族服装风格设计的特点及相关设计师的代表性作品，引导学生对民族素材的借鉴和运用
前卫另类服装风格的设计	分析前卫另类服装风格的设计特点及设计师的作品，概括几种常见的灵感素材收集来源，培养学生的反向思维及创新设计能力
服装产品设计	按照常见的服装产品种类进行分析，对各类服装产品设计特点进行阐述，着重培养学生对服装市场的认识，锻炼学生的实用设计能力
服装设计大赛参赛系列设计	介绍目前国内主要的服装设计大赛类别，分析大赛中系列设计的方法，并结合学生参赛作品的案例分析，有助于其掌握设计大赛的基本要求，以激励其踊跃参加设计大赛
服装结构设计案例	培养学生对服装结构的分解能力，使学生能系统地掌握纸样设计的实际应用能力，通过一定的理论基础和动手实践的基本训练，培养学生从款式设计到纸样结构设计的综合能力，从而使其服装设计构想能够具体实现

1.3　服装设计的分类

　　服装设计的分类方法很多，较常见的分类方法有按季节、性别和年龄、用途、材料、设计用途等。此外，服装设计还可从制作方式、着装方式、服装部件、装饰等方面进行分类，这里不做详细讲解。

1.3.1　按季节分类

　　服装设计按季节分类是根据气候进行的分类，主要可以分为春装、夏装、秋装、冬装的设计，见表1-2。服装的设计具有较强的季节性，因而对服装企业来说，每季服装的更替速度及更替样式是其能否占领市场的关键因素。一般来说，设计师要在下一个季节来临的前几个月就开始设计新款服装，否则会影响下一个季节的产品销售，见图1.5。

表1-2　服装设计按季节分类

季 节 分 类	总 体 特 点
春　装	色彩明快，款式轻便，便于穿脱
夏　装	色彩淡雅，面料要透气、吸湿、垂感和飘逸
秋　装	成熟感强，色彩稳重大方，款式多样
冬　装	色彩趋于单调，以保暖为主

体现春、夏、
秋、冬四季
的服饰
【参考视频】

图1.5　分别体现春、夏、秋、冬四季的服装设计

服装具有鲜明的季节性特点，不同的季节其服装的色彩、面料搭配方式等方面呈现较大的差异。

1.3.2　按性别、年龄分类

　　按性别、年龄进行分类是服装市场上较常用的一种服装设计分类方法，可分为男装、女装、婴儿服装、幼儿服装、儿童上学服装、青年服装、中老年服装等的设计，见表1-3。从对服装的品牌定位来说，服装设计按年龄分类的方法是目前较为流行的。每个年龄层次所体现出来的生理、心理特征及经济状况、社会地位、文化修养等，都是服装品牌设计定位的基本要素。

表1-3　服装设计按性别、年龄分类

性别、年龄分类	总 体 特 点
男　　装	外型多采用"V"形、"T"形或"H"形，外套胸围松度较大，以展示肩宽、粗颈的矫健之美。采用精良、挺括的面料，使其具有重量感、层次感和特有的力度
女　　装	种类繁多，造型灵活多变，主要体现女性柔美、优雅、性感等特征。面料多为柔软、华丽、典雅等特点，注重着装的美观
婴儿服装	具有良好的卫生性能，款式宽松、柔软，面料吸湿保暖、透气性好，多用棉布、绒布、针织布等，色彩干净明亮，见图1.6
幼儿服装	1～5岁儿童穿着服装，款式应适合活动的需要，如通过抽褶的方式，使服装下部展开，利于活动
儿童上学服装	款式设计不易过分烦琐华丽，体现其功能性
青年服装	着装观念时尚、流行、前卫，款式、色彩和面料新颖、独具个性
中老年服装	造型风格保守成熟，实用性强，追求传统美。色彩不宜艳丽，以舒适性为主

注：不同国家和地区对年龄的划分会不同。

儿童服装
【参考视频】

图1.6 婴儿服装

婴儿服装多选用吸湿性、透气性较好的面料，色彩干净明亮。

1.3.3 按用途分类

为了适应生活中的不同场合，人们需要穿着不同用途的服装。根据服装的功能性和实用性进行分类，服装设计可分为居家服、运动服、礼仪服、表演服、特殊装等的设计，见表1-4。

表1-4 服装设计按用途分类

用途分类	总体特点
居家服	款式宽松舒适，色彩柔和明丽，面料可用棉布、真丝或毛织物等。包括起居便服、棉衫、围裙、休闲服、浴衣、睡袍、家庭便服等种类
运动服	强调运动的机能性，款式宽松舒适，色彩艳丽，面料吸湿性和透气性良好，见图1.7
礼仪服	高档、庄重、正规，在比较正式的场合穿着，如晚礼服、婚礼服等，见图1.8
表演服	夸张效果强烈，以强调编导效果。分为舞台表演服和电影表演服两大类，根据各自的表演目的不同，服装所传达的信息也各异，见图1.9和图1.10
特殊装	为特殊人或者在特殊地方所穿的服装，如孕妇、病员、防毒服、潜水服等，根据各自的特殊性的不同，服装呈现的样式也各异

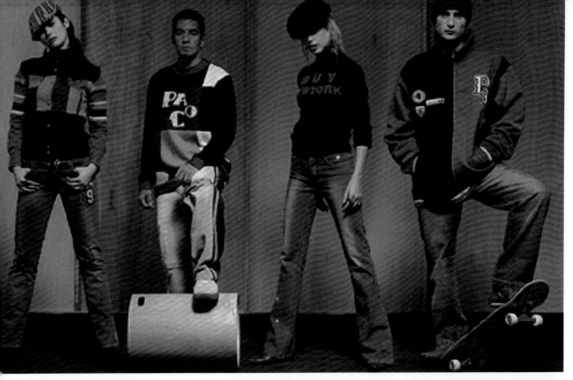

图1.7 宽松舒适的时尚运动服

1.8　| 1.9 | 1.10

图1.8　以敦煌为主题的礼服

图1.9　电影《神话》剧照表演服装

图1.10　舞台表演服装

时尚运动服
【参考视频】

1.3.4　按材料分类

按材料进行分类，服装设计可分为呢料服装、化纤服装、棉服装、丝绸服装、皮革服装、针织服装及其他服装的设计，见表1-5。服装材料对服装的外观、形态、性能、加工、保养和成本都起着至关重要的作用。服装的材料涉及的范围很广，品种极多，而且新型材料也在不断涌现。因此，按材料对服装设计进行分类的方法也是目前较为常见的分类方法。

表1-5　服装设计按材料分类

材 料 分 类	总 体 特 点
呢料服装	分为精纺呢料和粗纺呢料，精纺呢料质地细腻，厚度较薄；粗纺呢料质地丰富，面料较厚。设计严谨、细致、讲究
化纤服装	坚牢耐穿、色牢度好、易熨烫定型、价格低廉等特点，不宜制作贴身服装
棉服装	轻便柔软、穿着舒适、吸湿性和透气性较好等特点，适宜制作内衣等贴身装
丝绸服装	薄型面料，具有轻盈、滑爽、秀丽、高雅、服用性能好等特点
皮革服装	面料高档、做工精细，适宜制作秋冬季外套
针织服装	面料弹性较大，穿着舒适，便于活动，适合制作各种贴身内衣、运动服装、睡衣、睡袍等
其他服装	不常用的面料制作，强调服装的艺术效果，注重创意

1.3.5　按设计用途分类

服装设计按设计用途可分为实用、创意设计两大类，见表1-6。服装设计所体现的用途不同，有的是为市场销售的服装产品进行设计，多以实用的特点为主；而有的服装是专门为表演发布会或参加大赛而进行的设计，多以创意为主。

表1-6　服装设计按设计用途分类

设 计 分 类	总 体 特 点
实用类设计	以消费者穿用为目的的服装设计，包括常用服装、职业装等。这类服装注重功能性、标识性
创意类设计	服装造型夸张、前卫，装饰效果强烈，主要表达设计师的意念与追求，强调设计的新颖和独特风格，见图1.11和图1.12

图1.11　亚历山大·麦克奎恩的另类设计

亚历山大·麦克奎恩善于将他满脑子的古怪念头表现到发布会的作品中，突出了前卫、另类的设计风格。

图1.12　以传统凤图案为灵感的创意设计
（作者：林丽玲）

亚历山大·麦克奎恩
2011 春夏时装秀
【参考视频】

第2章　服装造型创意设计

 学习提示

　　了解服装造型创意设计的特征，掌握服装结构的变化规律，把握服装各部件与轮廓造型的协调关系，运用不同特点的廓形进行创意设计，并能够巧妙地运用服装部件的设计增添服装的整体创意效果。

学习要求

　　要求在掌握造型设计理论的前提下，注重技能训练，运用独特的设计思维及创新的设计手法，对服装的造型进行创意设计。

　　服装造型设计指的是服装的外部线形、内部结构及领、袖、袋、纽扣和附加装饰等局部的组合关系所构成的视觉形态，而服装造型的创意设计就是要打破传统的造型规律，利用分割、组合、积聚、排列等方式产生形态各异的服装造型。服装造型设计是服装设计的基础，服装的造型要素主要包括点、线、面、体四大因素，服装的款式、色彩、图案等由于造型手段的变化而呈现多样化。造型的创意设计对服装的视觉效果产生直接的影响。

2.1　服装外型的创意设计

　　服装的外型设计是指服装的外观结构设计，是服装造型设计的基础。服装的外型设计不仅表现了服装的造型风格、着装者的气质特点，还体现了服装流行风格的变迁和世界时装潮流的演变。如迪奥在20世纪40年代推出的"A"字造型的"新面貌"设计，反映了第二次世界大战后凸显女性特点的典雅风格又重新恢复。通常服装的外形特征可以用字母形状概括成"A""H""T""V""X"形等种类，用几何形状概括为三角形、正方形、圆形等种类。这些基本形状可以从不同角度进行设计的延伸，如反常规的长宽比例、大小比例、直曲线的变化等。这些造型的长、短、松、紧、曲、直、软、硬等变化，都是形成创意外型的关键因素。

纵观中外服装发展史，我们可以看出服装的变迁都是以廓形的变化来描述的。如20世纪40年代的"A"形、50年代的帐篷形、60年代的酒杯形、70年代的"X"形等。服装款式的流行预测也是以服装的廓形发展为基础的，并把它作为流行变化发展的基准。设计师们通过廓形的变化发展规律，分析服装的流行发展演变规律，从而更准确地预测服装发展的未来流行趋势。

2.1.1　上衣外型的设计

上衣是服装组合中不可缺少的一部分，是指自肩到腰围线或臀围线的衣服，一般分为男上衣和女上衣。男上衣有西服上衣、衬衫、便装茄克等种类；女式上衣有女式衬衫、女式大衣、女式茄克、女式西装等种类。适体严谨型设计外型强调严谨、简练、概括，在传统的服装样式当中最常见。时尚夸张型设计外型强调夸张、层次丰富、前卫、流行，款式变化着重体现在不规则的外轮廓及比例对比悬殊的造型元素，其结构比例打破常规，具有很强的视觉冲击力，见图2.1和图2.2。

图2.1　时尚夸张的上衣造型

采用时尚夸张的外轮廓及左右不对称的造型元素丰富了上衣的外型设计。（左图至右图分别为Alina Assi、Natalia Kolyhalova、Sabo的设计作品）

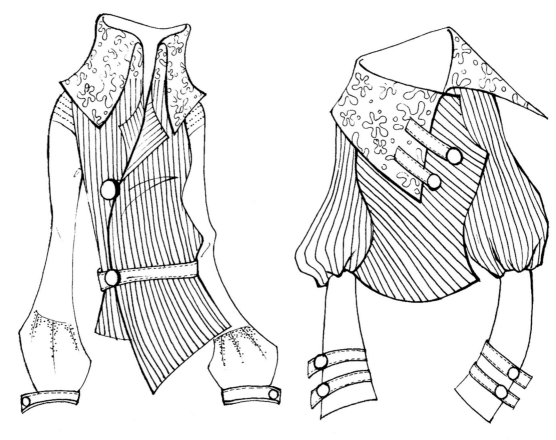

图2.2 同种材质不同轮廓的造型

通过对领子、袖子的创意设计，使上衣造型更具新颖性。

2.1.2 裤子外型的设计

裤子外型是服装造型设计中重要的一部分。裤子从类别上可以分为男式裤子和女式裤子，从设计的角度上来看可以分为保守适中型和时尚夸张型，从外型上来看分为适中型、紧身型和宽松型。保守适中型裤子造型一般简洁合体，具有直线型的轮廓，强调功能性而较少附加装饰，穿着舒适实用、庄重大方。时尚夸张型具有夸张修饰的外轮廓设计，强调装饰性，往往通过强烈的艺术表现手段来达到效果，视觉冲击极强，如图2.3所示的裤子采用"O"字造型，效果较突出。

同种材质不同轮廓造型
【参考图文】

图2.3 夸张的裤子外轮廓设计

采用"O"字造型的外轮廓使裤型夸张而又时尚，内部的缝线装饰及异料拼接效果增添了裤子造型的艺术感。

2.1.3 裙子外型的设计

裙子的样式可谓五花八门、丰富多彩，已成为家庭、上班、运动、社交等各种场合不可缺少的女装，其设计相对灵活自由，见图2.4。从结构造型来看，裙子外型设计可以分为直裙设计、"A"字裙设计、褶裥裙设计三大类。直裙又称直筒裙、西装裙等，它是所有裙类的基本形式，其外观造型与人体臀位、下肢形体一致，外观简洁利索；"A"字裙是根据字母"A"的形体特征来命名的，是由直裙直接展开而成的，其下摆处比直裙略放开，外形似"A"字，比直裙更利于行走、运动；褶裥裙是指通过折叠或斜裁设计，使布料形成自由、随意或固定的褶裥，外观造型注重随机性、意趣性，裙形灵活多变，线条疏密自然，裙摆自然下垂，具有浪漫别致的效果，见图2.5。

图2.4 裙子外型设计的多样性

裙子外型设计灵活多变，裙摆的长短、宽窄的变化都可构成新颖的样式。（作者：林彦波）

裙子外型设
计的多样性
【参考图文】

图2.5 充满意趣的褶裥裙

通过自由、随意或固定的褶裥形式，使裙子造型浪漫而别致，视觉冲击力较强。

2.2 服装线型分割的创意设计

服装造型的外轮廓固然重要，但没有丰富的内部结构也是不完整的。分割线可以弥补外轮廓线结构比例的不足，并予以内部的充实。分割线大都具有装饰的意味，可以丰富服装的整体效果，是创意设计常用的手段之一。服装线型分割的创意设计主要包括省道设计、接口缝线设计和褶型设计三大类。

1. 省道分割设计

省道设计对服装线型分割的设计起着重要作用，其运用使服装更适体美观。它主要应用在人体高低起伏变化的部位，对女装的造型设计影响较大，是女装表现曲线造型的决定因素。省道的创意设计主要体现在省尖点的转移，以及结合工艺手段进行的装饰处理。省道的转移结合工艺手法的变化处理，能够使服装整体效果丰富充实，见图2.6。

2. 接口缝线设计

接口缝线就是在服装的接口缝或止口沿边，等距离地缝上一道或几道线迹作为装饰，也有的运用嵌线作为装饰，这些装饰线又俗称为"缉明线"或"压明线"。按缝线设计是一种缉线装饰，是最简单、最常用的缝纫装饰工艺。接口缝线或嵌线的创意设计主要体现在缝线的颜色对比、大小粗细对比、图案对比等方面，见图2.7。当缝线缉成各种各样的图案纹样时，就可以形成凹凸相间的立体线迹花纹，装饰效果强烈。

3. 褶型设计

褶型设计是服装内部结构设计的重要形式，是将布料折叠缝制而成直接表现在外的线条。褶型设计所具有的放松量不但易于人体活动，而且还丰富了服装的整体效果。从褶呈现出的外观造型，褶型可分为规则型褶设计和不规则型褶设计。规则型褶设计具有一定的规律性和方向性，主要体现在熨烫褶、堆砌褶、折裥等形式，外观造型整齐、端庄、大方，常用于职业套装及一些较正式的服装中；而不规则型褶设计无规律性和方向性，主要体现在抽褶、波浪褶等形式，具有自然、活泼、随意的外观效果，见图2.8。

多省道综合转移
【参考视频】

图2.6　胸省转变为多省道的设计　　图2.7　接口缝线的装饰设计　　图2.8　褶型设计的装饰

2.3　服装部件的创意设计

2.3.1　口袋设计

口袋在服装中具有实用功能，又具有一定的装饰性。口袋的创意设计主要体现在位置、形态、比例、材料及色彩变化等方面。常见的创意口袋类型有贴袋、嵌袋、挖袋及装饰性的口袋等。口袋的外形、位置、大小的变化随意性较大，艺术风格多样，有较强的注目性，根据服装整体的造型风格进行设计时，要着重注意与服装主体搭配的协调性，这样才能使口袋起到锦上添花的作用，见图2.9和图2.10。

2.3.2　袖型设计

袖子是服装中重要的组成部分，其造型主要是依袖窿的结构变化而变化。袖型的创意设计主要体现在袖口大小、宽窄、粗细方面，以及袖窿的变化、袖肥的宽窄、袖褶形式、开口方式等方面。常见的袖型有圆装袖、便装袖、插肩袖、连衣袖、一片袖、二片袖等造型，见图2.11。当今服装的袖型变化极为丰富，随着服装的流行和材料的更新，袖型的设计也在不断地呈现出新的特征。现代设计师在袖子的设计中，往往打破中规中矩的对称造型，而采用比例悬殊及运用不同材质拼接等方式来达到特殊的视觉效果，见图2.12。

原形省道转移
【参考视频】

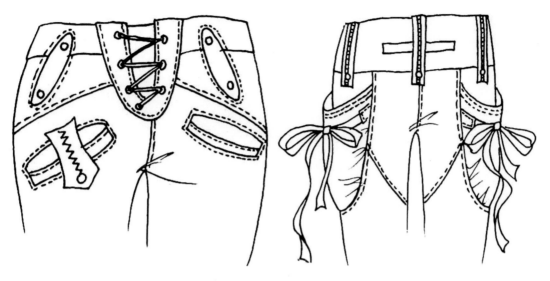

图2.9 口袋位置、形状、大小等变化的装饰设计

图2.10 以装饰为主的口袋创意设计

口袋工艺
【参考图文】

图2.11 连衣袖、插肩袖
的造型

17

图2.12　设计师作品中的袖子造型

独特的袖子造型增添了作品的视觉效果。（左图至右图分别为Christian Lacroix、Tsumori Chisato、Valentino 的作品）

2.3.3　领型设计

领子是服装至关重要的组成部分，它非常接近人的面部，处在视觉的中心。所以，领子的设计不仅可以美化服装，还可以美化人的脸部。领型的创意设计主要体现在装领设计、组合领设计的变化上。装领是指领子与衣身分开单独装上去的衣领，装领造型丰富，创意设计主要体现在领座的高度、领子的高度、翻折线及领外边缘线的变化，主要包括夸张个性的立领、翻领、驳领等类型，造型变化多样；组合领型设计多指带有较强装饰性的领型，造型变化都在基本领型的基础上做一些夸张和装饰，一般通过特殊工艺手段和装饰品的运用，使领子更具有艺术效果，见图2.13和图2.14。

在常规领型基础上做变化的装饰领
【参考图文】

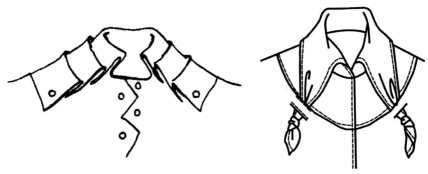

图2.13　在常规领型基础上做变化的服装领型

图2.14　创意领型的设计

运用不对称、细节装饰及特殊工艺的方法等进行的领子设计，使服装整体更具创意。
（左图至右图分别为Hiroko Koshino、Guy Laroche、Rick Owens的作品）

2.3.4　腰部设计

　　服装的腰部设计主要是对腰带及裙裤的腰头进行的设计，是下装设计的重要部分。腰部的创意设计主要体现在腰头、腰带的宽窄和形状的变化。腰带设计可分为两种类型：第一种是以实用为主的腰头设计，其造型往往由下装造型风格决定，常见的类型有高腰、中腰、低腰设计；第二种是以实用性与装饰性相结合的腰带设计，它是服装中变化丰富的细节设计，见图2.15。装饰性的腰带设计常通过增加腰带宽度、采用特殊材质、缝缀饰品、打结、叠加、重复等方式使设计效果得到丰富，多用于一些表演服装的设计中，见图2.16。

图2.15　实用与装饰功能结合的腰部设计

图2.16 时尚、变化的腰带丰富了服装整体的设计

在服装上对腰带进行数量上的重复、叠加及打结装饰，从而对服装的整体进行点缀。

2.3.5 扣子、拉链设计

　　扣子、拉链的设计是指在服装上起连接作用的部件设计，兼具实用性和装饰性，它们的巧妙设计可以弥补服装造型的不足，并起到画龙点睛的装饰效果。扣子的造型结构主要有纽扣、按扣、金属敲扣、搭扣、衣领扣、卡子、参环等类型。扣子是大多数服装不可缺少的功能性配件，它除了具有固定作用外，也具有较强的装饰性，见图2.17。拉链又称拉锁，是一个可重复拉合、拉开的由两条柔性的可互相啮合的连接件。拉链是一百多年来世界上最重要的发明之一，使用领域极为广泛，已成为当今世界上重要的服装辅料。拉链设计是现代服装细节设计中的重要部分，是服装常用的带状连接设计，主要用于门襟、领口、裤门襟等处，也用于鞋子、包袋等设计中，见图2.18。

图2.17 现代形式多样的扣子装饰设计

图2.18　作为装饰物存在的拉链

2.4　服装定型形态的创意设计

　　服装的定型形态是指具有理性、规则性的几何形态构造，如根据字母或几何形态所构成的造型，见图2.19。此外，还包括一些正统或约定俗成的服装形态，如直筒裤、喇叭袖、一步裙等造型均属于此类。定型形态的创意设计主要强调对称、渐变、比例、统一等形式美原理，强调形体结构的三维空间，在规律中寻求变化，往往在局部或者细节处加以省、褶、皱等工艺装饰，或者从服装的材料及色彩等方面进行结构处理，见图2.20和图2.21。

图2.19　根据几何形状构成的服装定型形态的创意设计（作者：李卫）

图2.20　根据同一几何形态设计的不同服装造型（作者：钟海琴）

图2.21　具有规则性形态的创意造型设计

（左图至右图分别为Martin Margiela、Paul & Joe、Balenciaga的作品）

2.5　服装非定型形态的创意设计

　　服装的非定型形态是指某些服装具有不规则性的构造，呈现出随机性、不确定性，如披挂式的服装由于穿法的不同可以达到意想不到的偶然效果。服装的非定型形态的灵感往往可以从仿生、仿像等抽象物体中获得，并常运用立体裁剪的方式对其进行构造，见图2.22。非定型形态的创意设计在某些发布会及舞台表演服装中较常见，它可使学生的参赛设计作品达到某种特殊的视觉效果，见图2.23。

图2.22 通过仿生、仿像的思维方式进行的非定型形态的创意设计（作者：李国贤）

图2.23 非定型形态的服装造型设计

该组设计作品为非定型形态在服装设计中的表现，其无分明的结构线、随意无规则的搭配组合及披挂缠裹的穿着方式都是服装中非定型形态的主要特征。（左图至右图分别为Yamamot、Ann Demeulemeester、Vannote的作品）

本 章 小 结

　　本章主要讲述了服装造型创意设计的基本理论和方法，分别从外轮廓及内轮廓的创意设计、定型形态及非定型形态的创意设计角度进行分析。服装的外轮廓创意设计着重体现在外形上，常用字母、几何或无规则的形态进行延伸设计，服装内轮廓设计主要从内部线型的分割及内部部件的角度进行，并通过一些作品案例对其中的主要内容进行分析。服装造型的创意设计不是凭空的想象，它可以通过一定的方法和规律进行创造。因此，本章内容主要是给学生提供一些造型创意设计的方法，以提高他们的创作能力。

习 题

　　1. 在具体的服装造型设计中，我们可以借鉴哪些生活中常见的物品形态作为创作的灵感？试举例分析。

　　2. 服装造型的创意设计具有哪些特点？其方法又有哪些？

　　3. 选用几种几何形态进行延伸设计，要求每一形态分别设计6套服装。

　　4. 以大自然花卉的基本形态为灵感，结合时尚流行元素进行服装设计。

第3章　服装色彩与图案创意设计

 学习提示

了解服装色彩与图案的基础理论知识，以及服装色彩与图案设计的创新思维方法，并掌握对服装色彩与图案的灵感素材收集方法，开阔创作思路，以提高对服装色彩与图案的审美能力及创意设计能力。

学习要求

在服装色彩的创意设计上，要着重把握服装各部分色彩的搭配关系，以及服装色彩与服装风格的关系。了解服装色彩创意设计的灵感素材收集方法，掌握服装色彩创意设计的规律和方法。在服装图案的创意设计上，着重把握服装图案点、线、面等形式的构成规律，掌握创意图案的素材收集方法及思维方式。通过运用色彩与图案的相关知识，对作品进行分析，启发自己的设计灵感和思路。

3.1　服装色彩创意设计

3.1.1　色彩的分类及特点

色彩分为无彩色系和有彩色系两大类。无彩色系是指白色、黑色、金色、银色及由白色、黑色调合成的各种灰色调。有彩色系是指红、橙、黄、绿、青、蓝、紫等颜色。由于不同波长的光作用于人的视觉器官而产生色感不同，必然会使人产生某种带有情感的心理特点，见表3-1。在不同的时代、不同的地域，人们对色彩的喜好及禁忌会有所不同，所着服装的颜色会鲜明地体现一个时代、一个地域的特征，并且也会体现个人的性格、气质及审美爱好等情况。

服装设计色
彩的运用
【参考视频】

表3-1　色彩的分类

色 彩 分 类	总 体 特 点
白　色	高尚、纯真、清新，象征幸福、纯洁，常用于婚礼服和夏季服装
黑　色	高雅、尊贵、华丽、具有神秘感，多用于秋冬季外套服装中，见图3.1
灰　色	高雅、稳重，是高科技的代表色，常用于男式服装和女式职业装
红　色	积极、热情、奔放，象征青春、幸福等，是吉祥的代表颜色。常用于中国传统节庆日服装，见图3.2
黄　色	轻快、活泼明朗、健康，象征光明，在中国古代象征权力，见图3.3
绿　色	象征永远、和平、年轻、新鲜、安全，具有振奋精神的作用，是一种环保颜色，常用于军队服装
蓝　色	深沉、稳重，具有内在的张力，是智慧、能力的象征，常用于海军服、学生装等
紫　色	象征神秘、孤独、高贵、华丽、优美，自古以来，紫色就是作为一种高贵、权威的颜色来使用的

图3.1　具有神秘感的黑色　　　图3.2　代表吉祥、喜庆的红色　　　图3.3　中国古代代表权力的黄色

3.1.2　色彩创意组合搭配

1. 单件服装的色彩设计

单件服装通常指单件的上装、下装、连衣裙、旗袍、大衣、礼服等。单件服装可以根据服装的风格进行相应的色彩组合。单件服装色彩的创意设计一般用色偏向极端，或明度、纯度非常高；或明度、纯度非常低；或以不寻常的色彩搭配。此外，通过较时尚的色彩组合，如多色镶拼等一些特殊工艺的色彩搭配也能创造出新颖的效果。

2．里外服装色彩的搭配

里外服装的搭配，主要是外套与内衣的组合。里外服装色彩的搭配，可以突出对比的效果，做到主次分明，层次清晰。色彩的创意设计可以打破外衣深则内衣浅、外衣浅则内衣深的常规搭配关系，通过反传统的个性搭配，如诙谐巧妙的花色搭配等会使人产生另类异样的感觉。

3．上、下装色彩的组合

上、下装的组合，包括上衣与裤子或上衣与裙子等的搭配。一般的色彩搭配是上衣浅，下衣深，这样给人以稳定感。但现代的时尚搭配往往打破这种传统的搭配方式，以上衣深、下衣浅的颜色搭配来制造动感和时髦感。而上、下装的色彩搭配比例关系，通常打破传统的黄金分割的比例组合，尤其在某些戏剧、舞台、表演性服装中，可以利用比例悬殊的色彩搭配关系来突出强烈的视觉效果。

4．服装与配件色彩设计

服饰配件种类很多，主要有首饰、纽扣、鞋、帽、袜、手套、围巾、领带、腰带、钱包、提袋等，它们在服装整体搭配中起到非常重要的装饰作用。在色彩搭配上要充分突出配件色彩的点缀作用，这些配件如与服装整体色彩组合得当，就能起到锦上添花、画龙点睛的作用，见图3.4。

图3.4　服装与配件的色彩搭配

3.1.3 创意色彩与风格

设计风格是设计的所有要素形成的统一的外观效果，具有一种鲜明的倾向性。单一的色彩及多种色彩的组合使服装的风格具有某种倾向性，并且会营造一种特定的着装氛围。

1. 古典风格及其色彩

东西方古典风格包括文艺复兴、巴洛克、洛可可、新古典主义、浪漫主义等艺术风格。其服装设计具有传统、经典、宫廷式的风格特点，体现了传统的历史痕迹与浑厚的文化底蕴，见图3.5和图3.6。

图3.5　色彩的搭配突出了古典的风格

通过完美的色彩搭配及经典的样式突出了古典主义的高贵气息。

2. 浪漫风格及其色彩

浪漫服装风格是将浪漫主义的艺术精神应用在时装设计中形成的风格。在服装史上，1825—1850年的欧洲女装属于典型的浪漫主义风格，这个时期被称为浪漫主义时期。浪漫风格反对刻板、僵化，追求的是一种非形式的美感，主要表现为热情奔放，色彩绚烂，注重装饰，通常会塑造一种清淡、绮丽、朦胧的效果，服装上通常运用色彩柔美的褶边、饰珠、假花、刺绣、羽毛等装饰，见图3.7。

图3.6　端庄典雅的古典风格

米黄、黑色、粉红色等色调突出了典雅、端庄、沉稳的风格，同时又不失其高贵的特点。

图3.7　绚烂的色彩搭配营造了浪漫的气氛

29

3．民族风格及其色彩

民族风格的色调总体上来看较鲜艳，色彩搭配丰富多样、鲜明浓郁，具有强烈的民俗情调和怀乡风情。民族风格的服装用色大胆，纯色较多，善于运用黑色、白色、金色、银色等对整体色彩进行协调，尤其是黑色的运用，见图3.8。如中国、印度、吉卜赛、非洲等服装风格都具有鲜明的色彩特点，从中可以窥探出相关民族的自然、社会、人文等环境。

图3.8　服装色彩的搭配体现了浓郁的民族情调

4．田园风格与服装色彩

田园风格倡导"回归自然"，美学上推崇"自然美"。田园服装风格代表原始、纯朴、自然，主要体现在天然的材质、朴素的颜色、舒松的款式等方面。其色彩灵感来源于树木、花朵、蓝天、大海等，在织物面料的选择上多采用棉、麻等天然制品，色调以自然的中性色为主，色彩的搭配具有强烈的生活气息，往往以同类或近似色进行搭配，使服装整体显得和谐统一，见图3.9。

图3.9　纯朴、自然的中性色调体现了田园风格

5. 前卫风格与服装色彩

前卫风格表现自我个性，打破传统约束，追求新奇叛逆，大胆运用不和谐的或反常规的色彩搭配，创造出神秘怪异的审美效果。前卫风格的服装色彩主要以黑色、闪电蓝、霓虹光、银色、白色为主，并运用透明塑胶、光亮的漆皮等材质，见图3.10。

Blugirl 田园风 2013 春夏米兰时装秀
【参考视频】

图3.10　以黑色、霓虹光、银色、金黄色等体现前卫风格

6．轻便风格与服装色彩

轻便风格指休息、娱乐、非正式场合所穿的服装样式，主要见于运动服、休闲轻便服等。运动服用色鲜艳、纯度高、对比强烈，视觉效果鲜明、醒目，如常用白色及不同明度的红色、黄色、蓝色等，见图3.11。休闲轻便服多运用中性色彩，如灰色、米色、灰绿、咖啡色等。

图3.11　轻便服装风格的色彩搭配

3.2　服装色彩创意设计的素材收集

3.2.1　大自然的启示

万物始于自然，大自然对服装色彩的启示就是把自然界的色彩升华为艺术设计的形式，并通过正比例、反比例、局部色彩比例等方式对自然色彩进行采集与重构。只有细心地观察大自然，并用大自然的色彩规律及形式美法则进行创造，才能迸出灵感的火花，见图3.12～图3.14。

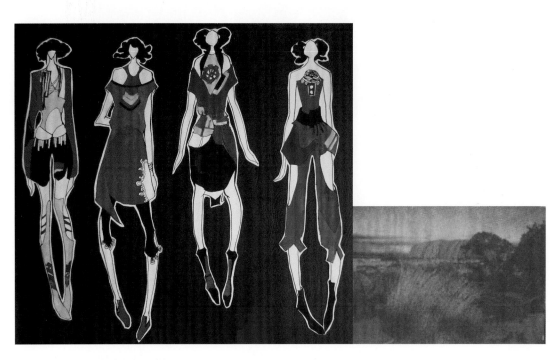

图3.12　风景图片的色彩采集

该系列作品是根据右图片的色彩采集构成进行的服装设计，对该图片的
主体色调进行了采集，并运用服饰的语言进行重构。（作者：刘嘉欣）

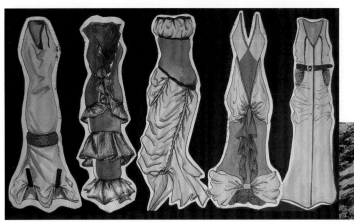

2017 年春夏女装 T 台
品牌分析——Max Mara
【参考图文】

图3.13　部分色调的采集

该系列作品用色是对右边所提供的图片进行了部分色彩的采集，
再按照一定的色彩比例关系进行重组、构成。（作者：陈晓满）

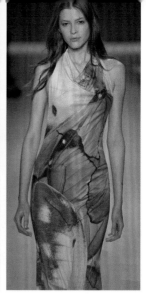

图3.14 以蝴蝶为素材的创意设计

该系列作品是Cheap & Chic以蝴蝶为灵感设计的，蝴蝶色彩艳丽的翅膀为该设计增添了灵动的效果。

3.2.2 对日常生活素材的高度抽象

日常生活中的一些素材为设计师提供了丰富的创作灵感，同时也激发了设计师创意的智慧。普通生活素材的色彩，通过设计师的创意设计，可以赋予更深刻的意义，使服装更具形象和趣味性。如图3.15和图3.16就是对常见的生活用品（篮子、纸张等）进行色彩采集与重构的设计作品。司空见惯的素材，通过设计者的提炼、组合、重构，给设计赋予了更生动的想象空间。

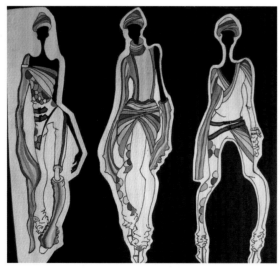

图3.15 日常生活素材的采集

该系列作品对右图中的生活用品（篮子）进行了局部色彩采集、重构，对服装的整体进行了点缀。（作者：李姻姻）

图3.16 从生活中常见的麻绳、雪糕、电器中获得灵感的创意设计

3.2.3 艺术的启示

艺术是相通的，服装造型的艺术同其他造型的艺术规律相同，可以从美术、音乐、舞蹈、文学、戏曲、电影等"姐妹"艺术作品中吸取养料，运用"通感"形式转换为视觉的色彩。尤其是美术作品本身所展现的色彩内涵，如波谱艺术、欧普艺术等，这些艺术风格的特点对服装面料的色彩图案产生了深刻的影响，见图3.17和图3.18。

印花 & 图案趋势
——美食图案
【参考图文】

2017 年、2018
年秋冬女装 T 台
品牌分析——
Delpozo
【参考图文】

图3.17 艺术作品的灵感启示

该系列作品是根据右图的绘画作品进行了等比例的色彩采集，并按照采集对象的色彩比例进行了服装色的重构，它以绿色为主色调，以红橙黄色为点缀，视觉效果强烈。（作者：刘嘉欣）

图3.18 以蒙德里安的绘画作品为灵感的设计

该系列为Sonia Fortuna的设计作品，通过借鉴蒙德里安的几何抽象色彩画，并结合现代柔美的服装样式，造型线条随意而流畅，与伊夫圣洛朗设计的蒙德里安裙有着异样的风格。

汉马迷彩
【参考图文】

3.3 服装图案创意设计

3.3.1 服装图案的特点及分类

图案就是纹样，即按形式美规律构成的某种拟形或变形、对称或均衡、单独或组合的具有一定程式和秩序感的图形纹样或表面装饰。服饰纹样是针对或应用于服装及配饰、附件的装饰设计和装饰纹样。

1. 服装图案特点

服装图案由于是附着在材料上的图案，并穿着于不同形态的人体上。因此，服装的图案特点主要体现在纤维性、饰体性、动态性及多义性方面。服装图案的纤维性是服饰纹样适应材料而呈现的一种特性；服装图案的饰体性是服饰纹样契合着装者的体态而呈现的特性，见图3.19和图3.20；服装图案的动态性是服饰纹样随同装束展示状态的变动而呈现的特性；而服装图案的多义性是服饰纹样配合服饰和着装者要求而呈现的特征。

图3.19　T恤图案的饰体性特点

（作者：杜文欣）

图3.20　服装图案的纤维性、饰体性特点

2．服装图案的分类

服装图案的分类方法很多，这里主要归纳了几种常见的分类方法：

（1）按构成形式可分为点状服饰纹样、线状服饰纹样、面状服饰纹样及综合式的服饰纹样；

（2）按工艺制作可分为印染服饰纹样、编织服饰纹样、拼贴服饰纹样、刺绣服饰纹样、手绘服饰纹样，见图3.21；

（3）按装饰部位可分为领部纹样、背部纹样、袖口纹样、前襟纹样、下摆纹样、裙边纹样等；

（4）按装饰衣物类型可分为羊毛衫纹样、T恤衫纹样、旗袍纹样等；

（5）按着装者的类型可分为男装纹样、女装纹样、童装纹样等；

（6）按题材可分为现代题材、传统题材或西洋题材、抽象题材或具象题材等纹样。

图3.21　刺绣、编织、镂空图案的运用

2017年、2018年秋冬女装
皮草趋势预测——剪贴艺术
【参考图文】

3.3.2 服装图案的点、线、面创新设计

点、线、面是服装图案的基本元素，在服装创意设计上主要表现为强烈的大小、面积、宽厚、位置、色彩、形状、质地等因素的对比，在服装上以各种不同的形式进行排列组合，从而形成形态各异的服装造型，见图3.22。因此，服装图案的点、线、面组合千变万化，丰富多彩。

图3.22 点、线、面的组合设计

1．点的设计

点是造型的基础，是视觉形态最小的单位，通常也是最活跃的元素。点的形状有圆形、方形、三角形等。点在服装设计中能够起到凝聚视线和点缀的作用，其图案往往能够成为视觉中心。服装造型中的点既能表现一定的形，又能表现一定的量；既可以是抽象的形，也可以是具象的形。服装中的扣子、拉链头、线迹、圆点图案等往往会表现为点的造型，它们能产生活跃、跳动的视觉效果，见图3.23。

图3.23　丰富多样的点造型图案

2．线的设计

线是点的轨迹，具有长度、方向、形状的特性，线的紧密排列能产生面的感觉。服装造型中的线有宽度、厚度和面积之感，也有不同的形状、色彩、质感；有平面的线，也有立体的线。直线有平稳向上延伸的视觉效果；曲线具有膨胀、柔软、运动的视觉效果；折线具有运动、焦躁、不安的视觉效果，见图3.24。此外，细线具有精密的感觉，粗线具有厚重的感觉，长线具有持续和速度的感觉，而短线则具有节奏感和醒目感。

3．面的设计

面是线的轨迹，具有长宽、位置、形状的特性。直线形的面具有平静、力量的视觉效果；曲线形的面具有柔软、典雅的视觉效果。在服装造型设计中，一般通过结构线来分割成服装的块面，常将各衣片视为几个大的几何面，这些面按比例有变化地组合，这样就构成了服装的大轮廓，然后在大轮廓里，根据功能和装饰的需要，做小块面的分割，见图3.25。服装面图案面积的大小比例会造成视错觉，设计师往往通过这种视错觉来加强设计的独特性。

图3.24　线造型在服装设计中的运用

图3.25　面图案的运用

该组设计作品在造型上通过不同块面颜色的分割，使整体得以丰富。

（左至右图分别为Willhel、Yamamot、Lf Markey的作品）

2017年、2018年秋冬男装
毛衫图案预测——色块复兴
【参考图文】

Tommy Hilfiger 纽约时装周
2013年春季女装系列
【参考视频】

条纹的运用
【参考图片】

3.4　服装图案创意设计的素材收集

3.4.1　几何图案

几何图案是一种最为常见的艺术表现形式，在古老的木刻、蜡染、壁画上都能看到它的影子。充满智慧和理性的几何图案一直在服装设计当中流行，常见的三角形、圆点、正方形、条格等图案经过设计师推陈出新的设计手法，再加以不规则图案的配合，能够形成崭新的图案元素，见图3.26。

图3.26　条格图案的创意设计

该系列作品以条格几何图案为元素进行的创意设计，分别将条格图案运用在服装的不同部位，色彩搭配协调，整体效果高贵而又时尚。（作者：梁艳霜、刘文婷）

3.4.2　自然素材

几何线条
【参考图文】

自然界的物质丰富多彩，组成的图案形式多种多样，是设计的重要灵感来源，如花卉图案、动物图案、风景图案等，又如日本和服的禅友图案、西方古代服装的碎花纹样等。对自然素材的利用，最普遍的方法便是运用"仿生学",服装的图案造型运用仿生的原理可以使服装表现不俗,丰富多彩的自然界,能给人们带来持续不断的新理念。见图3.27~图3.29。

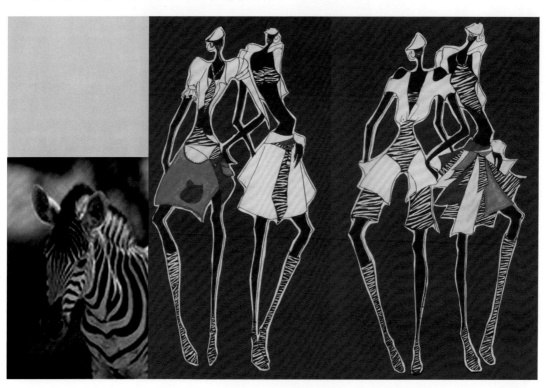

图3.27 斑马图案在服装设计中的运用借鉴(作者:刘嘉欣)

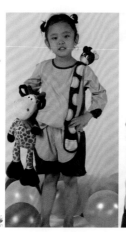

斑马图案的运用
【参考图文】

螃蟹图案的运用
【参考图文】

图3.28 长颈鹿图案的借鉴

长颈鹿的形象及图案独具特色,服装的整体色调、结构分割、图案的设计等都突出表现了长颈鹿的形象特点。(作者:寇诗羽)

图3.29　自然界中动植物元素图案在服装上的应用设计

3.4.3　民族民间素材

　　由于各民族民间生活环境及历史形成等因素影响，其图案均有本民族或民间的独特个性。这些具有差异性的特征，为服装设计师提供了大量的素材。如中国民族民间服饰艺术中所特有的吉祥图案、龙凤图案，以及脸谱、挑花、补花、抽纱、刺绣、拼镶、手工扎染和蜡染图案等多种装饰工艺素材，均被广泛运用到现代服装设计之中，见图3.30和图3.31。

自然界动植物图案的设计利用
【参考图文】

图3.30　民族民间图案在服装设计中的运用

图3.31　民族素材的设计运用

该系列作品灵感来源于中国写意式的水墨画，手工绘制的线描图案加强了服装的韵味，系列整体效果协调统一。（作者：田淑琴）

3.4.4　现代前卫素材

前卫艺术总是以不合作、不妥协的方式自觉、自律地抵制着同化的平庸，意在打破传统，标新立异。现代前卫素材很多，如各种现代绘画流派、艺术流派等都体现了后现代的风格，尤其高科技所带来的幻影和虚实的矛盾，都给服装的图案设计带来了全新的感觉，见图3.32和图3.33。

北欧民族
图案的运用
【参考图文】

图3.32　对绘画作品及高科技素材的借鉴

（左图至右图分别为Mary Katrntzou、Richard Nicoll、Natasha Stolle的作品）

现代前卫
素材的运用
【参考图文】

图3.33　形式独特的前卫作品

该系列作品的设计灵感来源于给人以快乐的"小丑"形象，服装整体通过鲜艳的色彩、趣味性的图案，以及各种手工配饰突出了设计的戏剧化特征。（作者：杨丽萍）

本 章 小 结

本章首先讲述了服装色彩与图案创意设计的方法及灵感素材的收集方法，分别从服装色彩的分类及特点，介绍了服装色彩创意设计基础的理论知识，分析了服装色彩创意组合的搭配关系。然后介绍了色彩的创意设计与不同的服装风格之间的关系，介绍了服装图案的形式美构成规律，着重对点、线、面的创意设计进行了详细的讲述。最后对服装色彩与图案创意设计的灵感素材的收集途径进行了概括，并结合大量的设计作品案例对理论知识进行了详细分析，目的是使学生创作的形象思维能力得到进一步的提高。

习 题

1. 通过服装色彩创意组合搭配的相关知识，以效果图的形式设计一套风格统一的服饰，突出内外服装、上下服装及与配饰之间的色彩搭配关系。

2. 根据文中讲述的服装色彩与服装风格之间的关系，选取文中提到的任一服装风格进行服装设计，要求突出该风格的特点。

3. 分别以自然素材、生活素材、艺术素材、民族民间素材为灵感进行创意设计，要求设计作品具有一定的新颖性。

第4章　服装面料再造设计

 学习提示

　　了解服装面料的设计要素，把握服装面料再造的基本方法。学会从纷繁复杂的自然、生活等现象中获取设计灵感，培养自身敏锐的观察和感觉能力。了解面料再造对服装设计的重大意义。面料的再造必须以市场为导向，把服装材质的理性与服装艺术设计的感性结合起来。

学习要求

　　学习面料再造设计的基本要素，掌握面料色彩、纹样、肌理及不同面料组合的再造，运用加法或减法的再造方法，对传统及常见的面料进行创新。面料再造的灵感素材很多，要逐渐培养细致的观察能力，要能够对素材进行必要的取舍。

　　面料再造设计就是在原有面料的基础上，根据其材质对比、色彩对比及组织肌理对比的原理，把原有的面料通过化学手段或物理手段进行分解、重新组合，使面料的质感、外观形态发生变化，从而形成新的视觉效果。许多服装设计师都十分重视对面料进行再次改造，通过换位思考，打破传统的思维定势，结合剪、贴、扎、拼、补、折、钩、染、磨、绣等工艺对现有面料进行改造和重组。

4.1　面料再造设计要素

4.1.1　色彩再造

　　色彩附着于服装面料中，每一种面料因其质地不同，对光的吸收和反射的能量也不同，从而使面料色彩在明度、纯度方面产生微妙变化。人们根据这一特性，利用扎染、蜡染、印染、手绘、拼接、数码喷绘等各种手法对现有面料色彩进行改造，见图4.1。

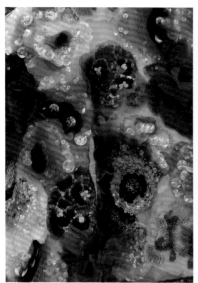
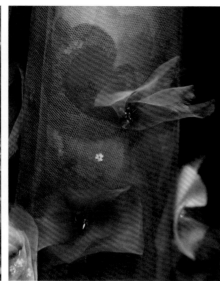

图4.1　色彩的再造

4.1.2　纹样再造

　　面料的纹样再造是在现有面料基础上通过刺绣、珠饰、绘画、染色等方式对原有面料图案进行改造，从而产生新的纹样。在对纹样的再造过程中，要充分考虑到点、线、面的结合，还要考虑到图案色彩的搭配关系，巧妙运用原有面料图案，见图4.2和图4.3。

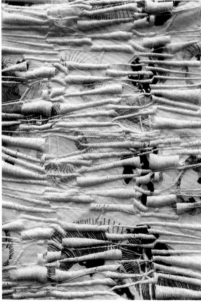
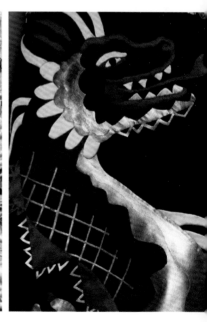

图4.2　纹样的再造

图4.3　运用拼贴、镂空、刺绣进行纹样再造　（作者：陈晓满）

4.1.3　肌理再造

　　服装面料的形态美感主要体现在材料的肌理上，材料的肌理是通过触摸感觉体验到不同的心理感受，如粗糙与光滑、硬与软等。在设计中，依据面料的特性，可运用分割、渐变、回转、重叠、撕破、烧合等多种构成手法对面料的外观肌理进行改造，见图4.4。通过肌理再造可以改变材料原本平坦、单一的外观形态，使其形成规则的、抽象的或立体的外观，见图4.5。

图4.4　肌理的再造

拼接工艺
【参考图文】

49

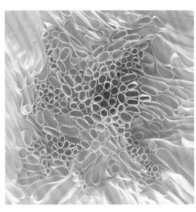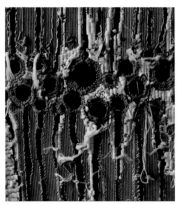

图4.5 改变原有面料形态的肌理设计

4.1.4 组合再造

　　组合再造主要是通过拼接的手法将各种面料进行重新设计，可丰富服装的组织结构和层次感。在服装设计中，设计师通常采用相同色调、不同质感的多种材质进行拼接，如薄与厚材质的组合、透通与非透明材质的组合、柔软与挺括材质的组合、细腻与粗糙材质的组合，从而呈现丰富的、强烈的质感对比，使面料视觉效果独特，见图4.6。

图4.6 面料的组合再造

钉珠与烫钻
【参考图文】

4.2　面料再造设计方法

在服装面料再造设计的过程中，必须先了解面料的各种特性，如强韧性、伸缩性、抗皱性、悬垂性、耐磨性等，因为不同特性的材质所形成的外貌特征、质地手感、服用性能等都千差万别。只有全面了解面料的各种特性，才能有效地利用各种原材料，对其进行再处理，使其呈现出丰富的视觉效果。面料的再造方法种类很多，这里主要介绍以下几种。

4.2.1　面料再造设计的加法处理

用单一的或两种以上的材质在现有面料的基础上运用黏合、热压、车缝、补、挂、绣等工艺手法形成的立体的、多层次的设计效果，如运用点缀珠片、贴花、盘绣、绒绣、刺绣、纳缝、金属铆钉、透叠、堆积、层叠等工艺对多种材料进行组合，见图4.7。在服装设计中，常在服装的局部采用面料的加法进行处理，如领子、胸部、背部、袖口、裙摆等部位。面料的加法处理易使面料产生凹与凸的肌理对比，易使平面的材质形成浮雕和立体感，见图4.8。

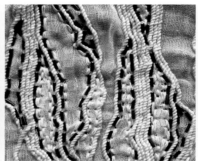
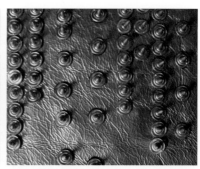

图4.7　面料的加法再造设计

徽章的加法设计
【参考视频】

服装面料再造方法
【参考视频】

图4.8　面料的加法处理在服装中的运用

4.2.2 面料再造设计的减法处理

按设计构思对现有的面料进行破坏，如镂空、烧花、烂花、抽丝、剪切、磨砂等，形成错落有致、亦实亦虚的效果，见图4.9。面料的减法处理易使作品呈现出疏松的空间感，以及规则整齐或零乱交错的节奏韵律感。在服装设计中，通常采用镂空、解构、破洞、钻孔等手法对服装的局部进行装饰，从而形成各种极富创意的设计作品，见图4.10。

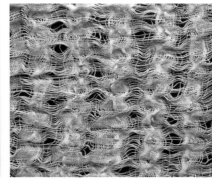
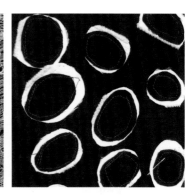

图4.9 面料的减法再造设计

图4.10 面料的减法处理在设计中的运用

该系列是Comme des Garcons设计的作品，设计的重点着重体现在外套的减法处理上，对上衣无规则的镂空打破了服装固有的结构，嘴唇图案的镂空装饰增加了服装的趣味性。

4.2.3　面料再造设计的综合处理

在进行服装面料再造设计时，往往不是采用单一的加法、减法处理，而是将两种方法结合起来，采用多种加工手段进行设计再造，如同时运用剪切和叠加、绣花和镂空等。灵活地运用综合设计的表现方法会使面料的表情更丰富，更能创造出独特的肌理和视觉效果。

4.3　面料再造设计灵感来源

面料的再造需要设计者不断迸发出灵感的火花，而人的灵感不是偶然获得的，是设计者长期生活、经验积累、信息积累、资料积累的结果。面料材质的再造灵感主要来源于自然界，包括山水、花草、鱼鸟及自然界发生的一切现象，如剥落的树皮、干涸的土地、层叠的梯田、瓜果的壳及其他的纹理等。日常生活中所见到的、用到的物体也能够成为创作的灵感材料，在平时的生活中，要善于观察、收集资料、发现事物最有特色的方面。

在再造的过程中，着重抓住灵感素材的主要特性，通过绗缝、扎染、手绘、剪、拼贴、烧等工艺手段对材质进行再造。如图4.11和图4.12所示的是对灵感素材进行面料再造的设计作品，其采用的设计程序、设计思路、设计方法较合理。通过这些练习，设计者懂得了如何去大自然中、生活中寻找和运用灵感素材，增强对创造的信心。

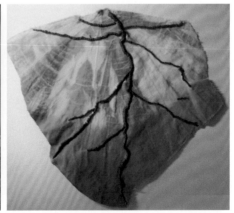

图4.11　以植物形态为灵感进行的面料再造　（作者：单雪）

花卉元素的设计

【参考图文】

图4.12　以树皮纹理及松果形态为灵感进行的再造设计　（左图作者：单雪，右图作者：刘燕妮）

4.4　面料再造在服装设计中的运用

　　在服装设计中，材料的表现属性和装饰效果起到至关重要的作用，没有完美的材质来表现，再好的设计灵感都是空谈。服装艺术设计就是利用和表现衣料的美感，对服装材料进行艺术再创造的过程，见图4.13~图4.15。面料的再造为服装的发展带来了新的生命力，而科技的发展更让服装材料和表现手法进入一个全新的领域，研究并掌握服装材料的种类、性能、质感，通过材料的再设计来体现服装的个性，可使服装设计向多元化风格转变。

面料灵感来源
——丰富纹理
【参考图文】

图4.13　面料肌理再造在服装设计中的运用

图4.14 面料加减法处理在服装设计中的综合运用

该系列作品运用了拼贴和镂空的加减法处理，在镂空的基础上，通过空间的立体表现，使简洁的服装样式显得精致典雅。（作者：魏阿妮）

图4.15 材质再造在服装中的运用

该系列为Rue du Mail的作品，以梳子造型为灵感，通过面料的再造产生新的造型。

本 章 小 结

　　本章主要对面料再造的设计元素即色彩、纹样、肌理、组合等方面进行了详细的讲述，并进行了大量作品分析，目的是使学生掌握这几大元素的设计方法。还分别对面料再造的加法、减法，以及其他方法处理的具体操作做了讲述。此外，还结合设计师作品案例，分析了面料再造在服装设计中的运用。

习　　题

　　1．请举例说明现代有哪些著名的服装设计师在面料再造方面做得较出色？试分析其面料再造在其作品中的运用。

　　2．从自然界的物体如花卉、叶脉、树皮等素材中捕捉灵感进行面料的再造设计。

　　3．分别对面料的色彩、纹样、肌理、组合等元素进行再造设计，要求在常见面料的基础上进行创新。

　　4．运用面料再造的方法进行服装设计，要求面料的再造效果与服装风格、款式等协调统一。

第5章　服装装饰工艺设计

 学习提示

　　学习服装装饰工艺的分类及特点，把握服装装饰工艺的设计方法和手段，掌握不同性能面料的装饰工艺特点，提高实际制作能力。

学习要求

　　要求掌握一定的基础工艺制作方法，并运用创新的思维对传统的工艺设计进行革新。掌握平面装饰工艺及立体装饰工艺的制作特点，学会综合利用装饰工艺的设计方法为服装增添美感。

　　服装装饰工艺设计在服装设计中至关重要，服装上缀以恰如其分的工艺装饰，可丰富服装的造型，达到锦上添花的功效。不同的工艺手段，具有不同的魅力与装饰效果。服装的装饰工艺总体上分为两种类型：一是结构装饰，指不使用附加物而利用服装本身的结构进行变化的装饰，平面装饰工艺多表现为此类；二是附加性装饰，指直接用带有装饰性的物品附加在服装上进行的装饰，立体装饰工艺多表现为此类。

5.1　平面装饰工艺

5.1.1　印花设计

　　采用不同的染料，将设计纹样印在织物上，这种设计称为印花设计。印花图案一般为一至五套色，世界上也有高达二十五套色的印花面料设计。印花颜色种类越多，色彩变化就越丰富，而且常用于高级礼服的设计。

　　如图5.1左图所示由各种民族印花面料拼接设计而成，袖子织物纹样色彩丰富艳丽，极富规则的纹样组合打破了服装整体的杂乱感，近似色之间的变化及对比色的调和使整体显得柔和而有力。而图5.1中图所示色彩丰富的印花设计增添了服装艺术的气息，艳丽而柔和的色彩花纹结合透明的纱面料使整体显得若隐若现。

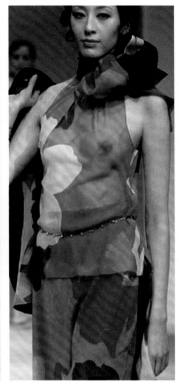

图5.1 印花面料的运用

5.1.2　绣花设计

印花面料的
运用欣赏
【参考图文】

绣花是在面料或成衣上用各色绣花线和亮片等材料用机器或手工绣出纹样的工艺，是中国传统服饰的工艺之一，其种类很多，针法变化丰富，常用的有平绣、雕绣、抽绣、珠绣、板网绣、贴花绣等。传统刺绣分为手绣和机绣两种，色泽有单色、复色和彩色之分。

绣花的设计常在衣服的领子、袖口、衣摆或某个局部见到，在这些地方加以绣花容易成为整体的视觉中心。如图5.2中所示的领子设计是通过各种不同针法构成的绣花图案，色彩丰富艳丽，纹样布置紧松有秩。而图5.2左图所示的胸部和裤腿处皆由绣花图案装饰，胸部的龙纹样与裤腿的植物绣花相互呼应，使整体协调统一。

印花与水洗
【参考图文】

图5.2　绣花工艺的运用

5.1.3　贴、挖设计

　　贴是将做好的花形贴到另一块底布上，再经锁针或插缝针固定。挖是根据设计要求对图案部位剪去轮廓，使外观呈现镂空的效果，可以使外观普通的服装达到特殊的立体效果。贴、挖的装饰设计广泛运用于各类别的服装设计中，尤其在童装、女装中用得较多。

　　如图5.3中图所示的牛仔套装是由各种徽章和字母装饰所设计的，不规则元素组合使服装整体显得大方、时尚。而图5.3左图所示的贴片是该设计的亮点，立体图案的拼贴装饰为简单的款式造型增添了浪漫的气息。

贴布工艺
【参考图文】

图5.3　贴、挖装饰工艺的运用

5.2 立体装饰工艺

5.2.1 叠加设计

叠加是服装设计中常用的手段之一，即对不同的设计元素通过秩序、渐变等艺术手段进行设计的手段。叠加的元素可以是色彩、图案和配饰等。叠加设计可以丰富整体效果，增加整体层次感。

如图5.4所示的服装造型是通过各种不同面料元素相互叠加设计而成的，所形成的造型面积由里逐渐向外变大，由内紧向外松渐变，视觉效果强烈。不同面料层层叠叠的设计易产生色彩的渐变，丰富材质的图案，是现代服装设计中常用的装饰手法。

图5.4 叠加设计在服装中的运用

如图5.5所示的裙装视觉中心在于不同大小、宽窄条带的叠加装饰设计，层层叠叠的的条带通过有目的、有秩序的叠加丰富了原有的材质质感，新颖的外观造型增添了设计作品的艺术美感。

叠加设计在服装中的利用
【参考图文】

图5.5　独具特色的条带叠加装饰

5.2.2　编织设计

编织设计是使用编织工具（如钩针、棒针等）通过编织、组编、锁边等技巧将线、绳类组织成独具特色的织物，也是服装设计进行装饰的手段之一。随着人们对手工艺术的重视，编织设计也逐渐得到了重视。编织的材料选择范围很广，不同的材料、不同的编结方法会呈现出不同的外观效果。

如图5.6左图所示的编织大衣造型大方、华丽，领口、袖口、下摆等处的边饰处理配以稳重、异域风格的纹样显得丰富而又不杂乱。而如图5.6中图和右图所示的编织纹样立体感十足，右图结合华丽的缎带装饰，给单纯的白色注入了新的感觉。

编织工艺
【参考图文】

图5.6　造型独特的编织服装

5.2.3 卷绕设计

卷绕设计是通过卷、绕的方式使造型呈现出特定形态的设计方式。卷绕的设计风格独特，艺术效果强烈。

如图5.7左图所示的胸部设计是由面料通过卷绕的方式而形成的立体形态，多个形态规律组合增添了服装的艺术效果，并构成了服装整体的视觉中心。如图5.7中图的设计重点在于对服装背面腰部的黑白色条带的卷绕装饰，卷绕的层次内紧外松，视觉效果突出。如图5.7右图所显示的裙装对普通面料进行了再次处理，通过在白色面料上卷绕一些波浪形条带作为装饰。

图5.7　面料的卷绕装饰设计

5.2.4 褶皱设计

褶皱设计是由布料的褶裥、皱折、衣褶、波纹等装饰线构成的一种工艺装饰，可用于修饰形体，也可用于局部装饰，具有华丽而丰富的装饰效果。面料的折叠缝合即为褶皱，褶皱是进行服装立体设计的重要手段，一方面是适应人体的外部曲线的变化需要，另一方面作为服装装饰之用。由于褶的组合排列方式不同，设计时可分为活褶、死褶、碎褶、顺风褶、暗褶、对褶、百褶、风琴褶等，这些褶所形成的线、面、体的造型，会产生不同的外观效果。

如图5.8所示的设计，重点在于对服装面料的褶皱处理，面料的活褶处理使整体显得丰富而又有层次。尤其是亮感较强的面料体现的光影效果更为强烈。

图5.8 随意、丰富的活褶装饰设计

5.3 综合装饰工艺

平面与立体装饰工艺的结合，可达到更完善的视觉效果。除了以上提到的一些常用的平面与立体装饰工艺外，还有一些工艺如缀、镶、嵌、滚、烫、盘等装饰工艺都是设计师常用的，见图5.9和图5.10。除此之外，还有一类专门用于服装美化的装饰配件，如花边、饰带、穗子、领带、领结、花式饰件及纽扣、拉链、勾卡、标牌、饰钉等。这类配件运用于服装局部，能形成活泼、醒目的装饰风格。

随意、丰富的
活褶装饰设计
【参考图文】

图5.9　装饰工艺在服装不同部位的综合运用

图5.10　装饰工艺在设计师作品中的运用

该系列为米兰Zuhair Murad设计师的作品，分别运用了不同的装饰工艺，有褶皱、拼贴、刺绣、花边、卷绕等，这些工艺装饰成为该系列设计的亮点。

本 章 小 结

　　本章主要对服装装饰工艺的设计方法和特点进行了详细阐述，分别对平面装饰工艺和立体装饰工艺进行了介绍，并结合作品分析了装饰工艺的创意表现，目的是使学生掌握服装装饰工艺的方法。

习　　题

　　1. 服装的装饰工艺可以概括为平面的装饰工艺和立体的装饰工艺，请分别运用这两种装饰工艺方法进行服装设计，每种装饰工艺要求设计6套服装。

　　2. 综合运用以上讲述到的装饰工艺方法进行服装的创意设计，要求对传统的装饰工艺进行创新运用。

第6章 经典服装风格的设计

**学习提示**

了解经典服装风格的特点及设计要素，掌握经典服装风格的未来发展趋势。

学习要求

要求掌握经典风格服装的设计要素，学会对众多服装设计师的作品进行风格分类。掌握大量的资料及图片的收集方法和最前沿的流行信息，并运用恰当、丰富的设计语言进行设计。

6.1　经典服装风格的设计要素

经典风格的服装端庄大方，是相对较成熟、保守的服装风格。"经典不仅仅是一种风格，更是一种心态，一种超越时尚、超越潮流的生活方式。"经典风格的服装十分讲究品质，严谨而高雅，一般不太受时尚潮流所影响，如正统的西装、职业装、工作服等样式。经典服装风格的设计特点详见表6-1。

表6-1　经典服装风格的设计特点

设计元素	经典风格
款　式	轮廓以直线形状居多，以"X"形、"Y"形和"A"形为主，多使用线造型和面造型，款式结构相对严谨
面　料	轻柔、细致，高品质的材料为主，如精纺针织物、羊毛或羊绒制品等
色　彩	中明度、中纯度，色彩柔和，以含蓄、典雅、稳重为特点
图　案	以单一色彩或传统条纹、格子居多，图案内敛简洁

6.1.1　款式设计

经典风格的服装款式设计多使用线造型和面造型，线造型多表现为结

经典服装风
格欣赏
【参考图文】

构分割线和少量装饰线；面造型相对规整且没有进行太多琐碎的分割。设计较少运用体造型和点造型，服装结构较严谨适体，制作工艺精美，见图6.1。服装外轮廓以直线形状居多，以"X"形、"Y"形和"A"形居多，而"O"形和"H"形则相对较少，见图6.2。

图6.1　经典服装中严谨适体的外轮廓造型

图6.2　经典服装设计常见的"X"形外轮廓

经典风格服装的内部设计简洁、流畅，结构常规严谨，多以挺括、刚直的直线进行分割，见图6.3。其领型多为常规的类型，如西服领、衬衣领、"V"领、翻领等。袖形以直筒装袖居多，也有运用少量的插肩袖。门襟纽扣通常为对称的形式，常使用规整的贴袋、暗袋或插袋，局部可有少量的绣花或印花装饰，多以领结、领花、领饰、礼帽等为配饰。

图6.3　经典服装风格的内部造型设计

6.1.2　色彩设计

经典风格的服装材料多选用传统的精纺面料，如羊绒、精纺毛料等，其色彩以含蓄、经典、稳重、大方为特点，黑、灰、墨绿、蓝色等沉静高雅的颜色较为常见，并以类似色搭配为主，见图6.4。

经典大衣设计
【参考图文】

Prada 2013年春夏系列女装发布会
【参考图文】

图6.4　经典服装风格设计中的色彩搭配含蓄、稳重、大方

6.1.3　图案设计

经典服装的图案以单一色彩图案或传统条纹、格子纹样居多，见图6.5。著名的法国时装设计大师加布里埃·香奈尔（参见本书6.2.1节内容）就是经典服装风格设计师的代表，她的设计作品擅长运用格子图案，尤其是黑白搭配的千鸟格、菱形格，这些图案成为香奈尔最为典型的风格。

图6.5　经典服装风格设计中条格图案运用较多

6.1.4　细节设计

这里讲到的细节主要是服装内部结构中的零部件及装饰元素，如领子、口袋、分割线、省道、褶裥等元素。经典服装风格较注重细节设计，强调精致感，但细节的装饰不能过于强烈。如选一些较时髦和流行的饰物或图案作点缀，或者在不改变整体风格的前提下，在服装的局部用较时髦、夸张的面料拼接或口袋装饰造成恰到好处的效果，这种方法使得经典风格的服装也能够以时髦的新面貌出现，见图6.6和图6.7。

图6.6　以时尚精致的对称图案及特色的口袋装饰设计的经典风格服装

图6.7　经典风格服装中的细节设计成为整体搭配的亮点

6.2　代表设计师及作品分析

6.2.1　加布里埃·香奈尔（Gabrelle Chanel）及其作品分析

　　"经典反映着那个时代的精神，无论岁月流逝，时代如何变迁，流行如何更替，经典却永恒而无可替代。"法国著名设计师加布里埃·香奈尔的时装是经典风格的典型代表。无领粗花呢套装、黑色连身裙、亦真亦假的珍珠配饰、栀子花与镶拼皮鞋是香奈尔设计的经典标志。香奈尔利用隐藏在英国传统男装中的苏格兰呢绒，其质感厚实，色彩变化丰富，一直沿用至今，并成为她经典设计的一个传统标志。此外，白与黑的色彩经典搭配，使得香奈尔的设计更契合时代，更能凸显出女性之美，黑白色开襟羊毛套衫及黑白色套裙都一直作为经典的样式流行。

　　香奈尔品牌是一个有近百年历史的著名品牌，香奈尔时装永远坚持高雅、简洁、精美的经典风格。早在20世纪40年代，欧洲就流传着这样一句话："当你找不到合适的服装时，就穿香奈尔套装。"香奈尔经典风格的设计特点具体呈现在表6-2所列的几个方面。

表6-2　香奈尔的服装设计特点分析

设计元素	特点分析
款　式	以传统的上下套装为主，以常规领（如无领）、直身、中短外套的款式为主，以一片袖居多，门襟纽扣对称，以山茶花、长串项链为配饰，见图6.8
面　料	以三维交织染色的精致软呢、粗花呢、苏格兰呢、毛呢、斜纹软呢等为主，面料质感厚实饱满，见图6.9
色　彩	擅长黑白颜色搭配，多以深暗色或中性色为主色调
图　案	以黑白几何图案、菱形格纹、千鸟格纹、山茶花图案等为主，常用香奈尔品牌的"双C"标志为服装及配件的装饰，见图6.10

图6.8 香奈尔经典的套装样式

香奈尔留给世人一种永存的风格——香奈尔套装风格，简洁精致的短套装已成为香奈尔品牌追求的目标，实用又不失女性美是其设计的宗旨。

图6.9 香奈尔的几何条格及菱形格纹的经典设计

香奈尔经典
外套
【参考视频】

从第一代香奈尔皮件越来越受到消费者喜爱之后，其立体的菱形格纹竟也逐渐成为香奈尔品牌的标志之一，之后这种衍缝工艺不断被运用在香奈尔新款的服装和皮件上，后来甚至被运用到手表的设计上。

图6.10 香奈尔经典的千鸟格、山茶花、"双C"的细节设计

菱形格纹、山茶花、"双C"已成为香奈尔品牌的标志。第一代Chanel皮件上的菱形格纹就奠定了该品牌的标志之一，"山茶花"被象征着Chanel品牌王国的"国花"，而Coco Chanel的双C交叠而设计出来的标志，则成了Chanel品牌的"精神象征"。

6.2.2 乔治·阿玛尼（Giorgio Armani）及其作品分析

意大利著名的设计师乔治·阿玛尼也是经典风格设计师的代表之一，他的设计不追随潮流，又超于传统，是介于两者之间的结合。他的设计以优雅、精致、高贵、含蓄而不招摇闻名于世。他设计的作品不会完全顾及时尚的变化，一直以追求服装的高品质为主要特点，经典的色彩结合经典的款式，搭配空间自由广泛。乔治·阿玛尼第一次发布会的服装，因其没有衬里和张扬结构线条的设计，并利用天然的色彩、简单的轮廓、宽松的线条，使他获得了"夹克衫之王"的美誉，如图6.11所示的早期作品。

阿玛尼认为："要想在千变万化的时尚潮流中保持自己的设计风格不变，最重要的一点就是一定要竭尽全力。"阿玛尼热衷于对各种布料材质的研究，他承认，"质地是我成功的秘诀"，这使他毫不妥协地坚持着自己阿玛尼式的经典设计风格，详见表6-3。

表6-3 阿玛尼的服装设计特点分析

设 计 元 素	特 点 分 析
造　　型	造型轮廓简洁、流畅，结构线条简单、宽松、实用，讲究理性和优雅，多以中性化的套装形式出现，见图6.12和图6.13
面　　料	以纯天然、混纺织物或豪华的高品质面料为主，如方格粗呢、阿尔帕卡、灰色鹿皮、亚麻为底的羊毛织物和织有丝线的横贡缎羊绒等
色　　彩	常采用无彩色系的中性色为主，诸如褐灰、米灰、黑色等
图　　案	以含蓄大方的条格纹样最为常见

香奈尔 2011
秋冬巴黎秀
【参考视频】

图6.11　阿玛尼早期的经典作品

阿玛尼早期的设计作品一直都受到社会名流的喜爱，而阿玛尼本人也很看重与名人的合作，也十分善于利用名人效应为公司创造利益。

图6.12　阿玛尼追求高品质的男装设计

阿玛尼男装
产品风格
【参考图文】

阿玛尼首次将夹克衫作为发布会的主要设计作品，曾获"夹克衫之王"的美誉，他的男装设计简约、中性、高贵、舒适，赋予了男装更多女性温柔的气质。

图6.13 阿玛尼以中性色、高品质面料为主的经典套装设计

阿玛尼通过精致的剪裁和考究的面料向人们展示着意大利服装的独特魅力。

本 章 小 结

本章着重对经典服装风格的设计特点、设计要素、设计趋势进行了阐述，从服装的款式、面料、色彩、图案、细节等方面讲述了经典服装风格的设计特点。此外，分析了经典风格代表性服装设计师的作品，详细地介绍了其作品的设计特点，并结合相应的图片进行了阐释。

习 题

1. 试分析经典服装风格的设计特点，分别从款式、面料、色彩、图案、细节等方面进行概括，要求绘制相应的款式图说明其特点。

2. 分别结合时尚、运动、休闲风格的元素进行经典服装风格的设计，以服装效果图及实物的形式完成。

阿玛尼2013
春夏时装秀
【参考视频】

第7章 民族服装风格的设计

 学习提示

掌握民族服装风格的设计特点、设计要素，把握民族服装风格的设计思路，了解国内外民族、民间传统的元素，并运用到现代的服饰设计中去。

学习要求

要求掌握民族服装风格的设计要素，学会对民族、民间的传统素材进行借鉴，运用合理、恰当的设计语言将民族元素运用到现代服装中。分析著名的代表设计师的作品，深入了解其作品的特点，以开阔设计视野。

民族风格服装是汲取中西民族、民俗元素具有复古气息的服装风格。借鉴我国及世界各民族服装的款式、色彩、图案、材质、装饰等，吸收、借用新材料及流行元素，可使民族化设计与时代感完美结合。例如，近几年流行的中国风格、波西米亚风格、吉普赛风格等就是民族服装风格的体现。

民族服装风格的设计除了以民族服饰为蓝本外，还以地域文化及民俗活动的相关元素作为灵感来源。例如，我国56个民族的服饰千姿百态，苗族、藏族、满族、蒙古族、傣族、壮族等少数民族的服饰都是人们比较熟悉的，它们独具特色。此外，国外的印度民族服饰、日本和服、非洲印第安民族服饰、韩国传统服饰等也是国内外设计师较多利用的民族元素。这些传统的民族服饰丰富了世界的服饰体系，为现代的服装设计提供了大量的素材。民族风格的服装设计特点主要呈现为表7-1所示的几个方面。

表7-1 民族服装风格设计的特点

民族服装欣赏（款式、面料、色彩、图案的设计）
【参考图文】

设 计 元 素	民 族 风 格
款　　式	款式丰富多样，东方民族风格以"H"外形最常见，西方民族风格以"X"外形最常见
面　　料	以天然材质为主，如棉、麻、毛、丝等
色　　彩	纯度偏高，色彩较浓郁，对比强烈
图　　案	曲线形轮廓较多，量感偏重，以图腾象征的图案居多

7.1 民族服装风格的设计要素

7.1.1 民族服装风格的款式设计

民族服装风格在款式设计上较为灵活，一是直接以民族服装的款式为蓝本，将其利用到现代服装中，如直接利用东方典型的"H"外形，或者直接利用西方典型的"X"外形；二是以民俗民风为灵感，间接利用其审美的特点，把内在的、精神的品质通过服装款式来表现，如现代许多设计师利用东方人的精神审美及穿衣哲学，通过一种无结构的、平面式的款式造型来诠释东方民族服饰的特征，见图7.1。相对西方民族的服装款式来说，东方民族的服装款式衣身较为宽松，较少使用分割线，显得古朴而含蓄。

图7.1 具有民族风格的款式设计

7.1.2 民族服装风格的面料设计

民族风格的服装面料总体感觉淳朴厚重、装饰浓郁、富有异国情调，复古气息浓烈。其面料常利用流苏、刺绣、缎带、珠片、盘扣、嵌条、补子等工艺手段进行装饰，如印尼蜡染布、中国蓝印花布、新疆丝绸等，见图7.2。例如，中国传统的民族面料通常以古拙、神秘的绣花、镶边、流

民族风格
服饰
【参考图文】

苏、珠饰等工艺手法制成，面料风格朴实、自然，其古朴浑厚、清新秀丽的特点正迎合了现今科技时代人们追求原始、古朴的心理。对中国传统民族面料的借鉴已成为现代服装设计的一个重要的创意源泉。

图7.2　具有民族风格的棉、麻、丝面料的设计

7.1.3　民族服装风格的色彩设计

　　一般来说，传统的民族色彩装饰效果强烈，色泽单纯鲜艳，如我国许多少数民族妇女的服饰大都采用色彩斑斓、艳丽华美的衣料制成，具有浓郁的民族特色。在具体的设计中，设计师往往通过黑色或白色协调亮颜色以此达到视觉的平衡，尤其黑色在民族风格的服饰中用得较多。但各民族服饰色彩由于地域的文化差异，会体现出不同的风格特点，给人以不同的审美感受。各民族服饰色彩所呈现的差异性，可以为人们的设计提供更多的借鉴，见图7.3。

图7.3 民族色彩在现代服装设计中的运用（Valentino的设计作品）

7.1.4 民族服装风格的图案设计

在民族文化的代表中，民族图案是最丰富、最直接的一种表现形式。从某种意义上说，没有耀眼夺目的民族图案，就不会有在世界服装舞台大放异彩的民族服饰。传统的民族服饰图案多以动物、植物和几何纹样为主。

对传统民族图案的借鉴决不能生搬硬套，要结合现代款式、风格、颜色、材质等综合方面进行有价值的参考，可通过图案分解、组合等方式使其与现代设计相结合，按照新的构思将传统的民族图案结合现代图案，从而创造出有新内涵与形式感的现代图案，见图7.4和图7.5。

Valentino2015
巴黎春夏商季
定制时装秀
【参考图文】

图7.4　民族图案在现代设计中的运用

图7.5　中国传统民族图案在现代设计中的运用

7.1.5 民族服装风格的细节设计

在民族服装的细节设计中，巧妙利用民族的工艺、零部件及独特的穿着方式都是非常关键的。各民族服装都有其独具特色的细节之处：特色的零部件，如立领、羊腿袖、盘扣等；特色的制作工艺，如缺口、开衩、绣花、镶边等；特色的装饰，如缎带、珠片、嵌条、补子等；独特的穿着方式，如套头、开襟、围裹等。对这些独特细节的借鉴要恰到好处，不能盲目利用，要充分考虑到与服装整体风格的搭配及协调关系，见图7.6～图7.8。

图7.6　对民族服饰领部、腰部等局部造型的借鉴设计

复古面料
与饰边
【参考图文】

图7.7　对民族装饰工艺的借鉴设计

图7.8 对民族服饰细节的借鉴设计

7.2 代表设计师及作品分析

民族风格在服装界越来越流行，各类民族服装特有的元素为设计师们所钟爱。如国外的设计师约翰·加里亚诺、三宅一生、高田贤三等，他们擅长把民族的元素运用到自己的设计当中，每年发布的设计作品都具有鲜明的民族特色。在我国也有不少优秀的设计师在民族风格的设计中取得了成功，他们在保持民族特色的同时，运用了大量的现代设计手法与时尚元素，将东西方服饰的特点巧妙结合起来，如张肇达、吴海燕、梁子、郭培等。

7.2.1 三宅一生（Issey Miyake）及其作品分析

三宅一生的设计对整个西方设计思想来说是一种冲击与突破，西方服装设计的传统向来强调感官刺激，追求夸张的人体线条，而三宅一生则另辟蹊径，从东方服饰文化与哲学观中探求出全新的设计理念。在造型上，他开创了服装设计上的解构主义设计风格，借鉴了东方制衣技术及包裹缠绕的立体裁剪技术。他一直以无结构模式进行设计，摆脱了西方传统的造型模式，而以深向的反思维进行创意，通过掰开、揉碎、再组合的方式，形成了别具一格的新造型，这种基于东方制衣技术的创新模式，具有神秘的东方特征。在服装材料的运用上，三宅一生改变了高级时装及成衣一向平整光洁的定式，以各种各样的材料（如日本宣纸、白棉布、针织棉布、亚麻等），创造出各种肌理效果。在色彩的运用上，他喜欢采用黑色、灰色、暗色调等，喜欢用大色块的拼接面料来改变造型效果，这使他的设计醒目而与众不同。

除此之外，三宅一生的设计还直接延伸到面料的设计领域，将传统的织物与现代科技结合，运用他个人的设计思维，创造出独特而不可思议的织物，这使他被称为"百料魔术师"。三宅一生所创造的褶皱面料，使他的设计风格表现出了独特的一面，图7.9和图7.10所示是他创造的最著名褶皱面料服装作品，这些作品奠定了三宅一生在时尚历史中的经典地位。表7-2对三宅一生的设计特点进行了简要分析。

图7.9　三宅一生经典的无结构造型设计

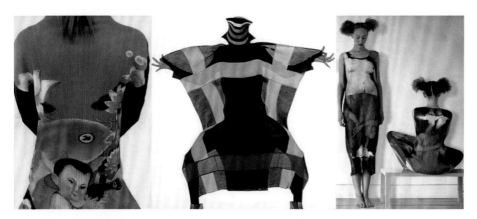

图7.10　三宅一生运用经典图案设计的作品

三宅一生
2013春夏
系列服装展
【参考视频】

表7-2　三宅一生的服装设计特点分析

设计元素	特点分析
造　型	解构主义设计，借鉴东方制衣技术以及包裹缠绕的立体裁剪技术，以无结构模式为主，见图7.11
面　料	材料丰富多样，善于以日本宣纸、白棉布、针织棉布、亚麻等创造各种材质肌理，如褶皱等
色　彩	喜用黑色、灰色、暗色调等，以东方风格的晦涩色调为主，善于用不同的大面积的色块进行拼接
图　案	以绘画图案、民族传统纹样为主

图7.11　通过系扎、捆绑形成的无结构样式

三宅一生对服装造型的设计极富创造力，擅长立体主义设计，他的服装有着日本的传统服饰的特征，但这些服装形式在日本又是从未有过的。

三宅一生
2012春夏系
列服装展
【参考视频】

7.2.2　张肇达及其作品分析

　　可以说，张肇达的时装设计作品就是中华民族服装魅力的展现，是几千年中华文明与民族元素的魅力体现。他将中国的民族传统元素与现代设计进行了完美的结合，他每场走秀的设计作品均表达了一个主题——神奇东方古国"兼容并蓄、海纳百川"的博大胸怀及高贵气质。

在他的时装设计中，用到的是较西式的设计思维，从中可以看到西方传统的紧身胸衣和裙撑的影子。在采用经典的西式晚装的"X"造型基础上，他还大量采用了中国传统的打皱、排褶、钉珠、镶花等传统工艺设计手法，配以中国特色的红、褐、紫等凝重的色调组合，再加上西式晚装的解构变形，可以表达出诸如敦煌、紫禁城、江南水乡和云南西双版纳的民族传统主题，具体见图7.12和图7.13。表7-3对张肇达的服装设计特点进行了简要分析。

图7.12　对民族传统工艺借鉴的设计

图7.13　中西结合的款式造型

衣裳是一种碰撞
【参考视频】

表7-3　张肇达的服装设计特点分析

设 计 元 素	特 点 分 析
造　　型	以西式的款式造型为主，通常以西式晚装的"X"造型为基础，偶尔会直接利用中国的传统样式，如大襟衫等
面　　料	采用传统的棉、麻、丝绸面料，偶尔也使用色丁、欧根纱等面料，材质大量使用珠饰、刺绣及排褶等工艺，使面料外观肌理效果强烈
色　　彩	浓艳而沉稳，以中国特色的红、褐、紫等凝重的色调为主
图　　案	以中国传统民族图案为主，如传统花卉、建筑纹样等

本 章 小 结

　　本章着重对民族服装风格的设计特点、设计要素、设计构思进行了阐述，从服装的款式、面料、色彩、图案、细节等方面讲述了民族服装风格的设计特点。此外，分析了民族风格代表服装设计师的作品，详细地介绍了其作品的设计特点，并运用相应的图片进行阐释。

习　　题

　　1. 试分析民族服装风格的设计特点，分别从款式、面料、色彩、图案、细节等方面进行总结概括，要求绘制相应的款式图并说明其特点。

　　2. 以我国的京剧脸谱、旗袍为素材进行创意设计，要求以服装效果图及实物的形式完成。

张肇达时装
发布会
【参考视频】

第8章　前卫另类服装风格的设计

 学习提示

　　掌握前卫另类服装风格的设计特点、表现形式，把握前卫另类服装风格的设计思路。学会从前卫艺术、日常生活、高科技等素材中寻找灵感源泉，培养独特的设计思维能力。

学习要求

　　本章旨在启发设计思路，鼓励走出传统的、常人的思维，且能另辟蹊径，运用反传统的思维方式进行创作。

　　前卫另类形式是与经典形式相对立的服装风格，受波谱艺术、抽象艺术等影响，给人以时代尖端、新锐反叛的视觉效果。锐意出新的前卫形式的建立，对于丰富服装设计的表现是一种非常有效的手段，并带有异样不俗的感觉倾向。前卫另类的服装风格主要体现在材料的独特性及形式上的标新立异。表8-1归纳了前卫另类服装风格的设计特点。

表8-1　前卫另类服装风格的设计特点

设计元素		前卫另类服装风格
款	式	打破一般的形式美法则，款式结构夸张、大胆，多运用不对称、对比强烈、立体的装饰元素
面	料	运用自然、人工、新潮、高科技且具有光泽感的材质，注重残旧、破损的外观效果，材质搭配繁复无序
色	彩	明度、纯度偏高，多色相，色彩搭配混合繁杂，色相不定，色彩对比强烈，冲击力较强
图	案	运用锐利、冲击力强的无规则图案，图案轮廓选择范围不限，造型夸张、怪异

8.1　前卫另类服装风格设计的表现形式

8.1.1　材料的独特性

　　前卫另类风格的服装设计很大程度上依赖各种材料质地的组合配置来表现，寻找

不同的质料，或者将常用的材料经过再次设计而获得新的表现形式。在材料的造型上，前卫另类服装风格追求强烈的对比、夸张、奇特、时髦、刺激，力求通过变化较大的个性元素使着装得到强调和突出。在色彩的处理上，前卫另类服装风格通常以抽象、幻想性及具有超前性的流行色彩元素为主，对色彩进行大胆配置，图案要求夸张、怪异，力求打破常规的设计法则，见图8.1。

图8.1　标新立异的另类服装风格设计（该系列为荷兰本土设计师Iris Van Herpen的作品）

8.1.2　形式上的标新立异

Iris Van
Herpen 巴黎
时装周 2015
秋冬秀
【参考视频】

塑料服装
【参考图文】

　　在前卫另类服装设计中，设计师善于对经典美学标准进行突破性探索。前卫服装风格的设计通常以不对称的装饰为主，领子、衣片、门襟、分割线等常采用不对称结构，其尺寸、数量往往异于常规，口袋的装饰尤其突出，常以运用体积感较强的立体口袋为主，装饰形态、手法没有限制，经常使用破洞、毛边、打补丁、堆褶、解构、拼结、错位等形式打破常规的设计手法，见图8.2和图8.3。

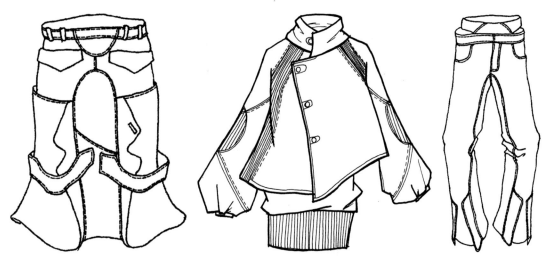

图8.2 运用反常规的服装结构产生标新立异的效果

图8.3 错位的结构打破了传统的形式美

服装结构的错位设计打破了传统款式惯有的结构分割，门襟、领口等部位的位置转移造成了视觉上的不平衡，从而产生新奇的视觉效果。

错位的结构
打破了传统
的形式美
【参考图文】

不对称设计
【参考图文】

89

8.2 前卫另类服装风格设计的灵感素材

8.2.1 前卫艺术的借鉴

前卫艺术形式旨在破坏传统现实主义原则，使服装呈现前所未有的形态。立体主义、表现主义、构成主义、超现实主义、波谱艺术与欧普艺术等现代艺术新思维方式、创作观念为设计师所接受，并转化为时装设计的语言，见图8.4。此外，服装设计师还运用"通感"的方式，把音乐、绘画、舞蹈、建筑等"姐妹"艺术形式转化为服装设计元素，见图8.5。

图8.4 对绘画艺术作品的借鉴

一位艺术家把古典画家安格尔的名作《泉》绘制在三宅一生设计的带皱褶的涤纶聚酯纤维面料的长裙子上，该设计作品呈现出的立体几何图案使它更像一件雕塑品。

前卫艺术的
借鉴
【参考图文】　**图8.5 对戏剧和音乐素材的借鉴**

8.2.2 日常生活素材的借鉴

　　生活中的素材为设计师带来丰富的创作灵感，同时也激发了设计师创意的智慧。对日常生活的素材，要先对其基本结构进行写生、解析甚至变体，然后再根据服装的特性对其进行抽象、重组及再造，从而产生新的造型元素，见图8.6和图8.7。只有对熟悉的事物进行透彻分析，才能产生设计的灵感。普通的生活素材通过设计师的创意设计，就可以体现更深刻的意义，使简单的服装更具有主题性。

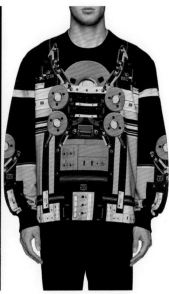

图8.6　常见素材的借鉴

图8.7　对降落伞、纸袋、咖啡包装盒素材的借鉴

8.2.3 高科技素材的借鉴

每一种有关服装技术方面的发明和革新，都会给服装的发展带来重要的促进作用。科学的发达使许多设计师渴望通过材质来表现服装新观念、新创意、新时尚。防紫外线纤维、温控纤维、绿色生态等功能性材料的问世，以及发光、金属质感、塑料、玻璃等材质的运用，都给服装设计师带来了更广阔的创意思路，见图8.8。

图8.8　高科技带来新材质的运用

8.2.4 无秩序的混合搭配

在现代的设计中，中规中矩的搭配已变得落伍，而时尚的新含义往往体现为无拘无束的自由搭配及超乎常理的混合搭配组合方式。设计师往往打破视觉习惯，以寻求"不完美"甚至"丑陋"的美感为主导思想，通过将各种对比强烈的款式、材质、色彩、图案进行混合搭配，以及将不同材质及不同风格的服饰进行搭配，来打破传统的穿衣规律，塑造独特另类的外观效果，见图8.9。

图8.9 各种材质的无秩序混搭

8.3 代表设计师及作品分析

夸张搭配
【参考图文】

8.3.1 维维恩·韦斯特伍德（Vivienne Westwood）及其作品分析

维维恩·韦斯特伍德是英国著名的时装设计师，是时装界的"朋克之母"，是前卫另类服装风格设计的典型代表。长期以来，韦斯特伍德以彻底否定的粗暴方式给予法国传统高级时装以极大打击，其设计想象大胆、狂放，因此，她一直被看作服装界的另类人士。韦斯特伍德属于非正统的极端，她颇能掌握时代精神，将叛逆的元素融入作品之中。她的设计受到了20世纪80年代时髦青年，尤其是伦敦的青年"朋克""特迪哥儿"的欢迎，使她获得"朋克之母"的称号。

韦斯特伍德
2012—2013
秋冬巴黎成
衣时装周
【参考视频】

　　韦斯特伍德的设计构思在服装领域里是最荒诞、最稀奇古怪的，也是最有独创性的。她的设计中多使用皮革、橡胶等材料制作怪诞的时装，使用膨胀如鼓的陀螺形造型；用剪破、磨损的毛边布料制作不对称的T恤；以短上衣的紧身装搭配迷你裙；在海盗式的绉衣服加上美丽的大商标，将衣料有意撕出洞眼或撕成破条；内衣外穿，甚至将胸罩穿在外衣外面，在裙裤外加穿女式内衬裙、裤等。总之，这些手段都成为她设计的典型风格。表8-2对韦斯特伍德的设计特点进行了简要分析。

表8-2　韦斯特伍德的服装设计特点分析

设计元素	特点分析
造　型	造型无章法，风格怪诞、离奇，多使用膨胀如鼓的立体形状，多运用不对称、长短不一的剪裁和结构，夸张繁复的无厘头穿搭方式，利用半成品的衣摆等，见图8.10
面　料	采用不同材质的服装进行混搭，多使用皮革、橡胶、苏格兰格子纹的材料，运用剪破、磨损、撕条等方式对面料进行再次改造，见图8.11
色　彩	以不调和的颜色为主，运用不同颜色的对比进行搭配
图　案	以条格纹、离经叛道的文字、波谱图案为主

图8.10　韦斯特伍德打破传统的造型设计

韦斯特伍德
及其作品
【参考图文】

图8.11 韦斯特伍德对皮革、橡胶等材质的运用

20世纪70年代末，她的设计作品就开始大量使用皮革、橡胶等材质，并拼凑许多不协调的色彩进行搭配。

8.3.2 亚历山大·麦克奎恩（Alexander MacQueen）及其作品分析

亚历山大·麦克奎恩具有狂妄不羁的性格，深具宗教气质，是典型的恐怖美学的忠实拥护者。在他的作品中总是展现出强烈的个人风格，其设计充满戏剧性及狂野魅力。因此，他被称为前卫解构设计大师，并曾经被VH1音乐时尚大奖定为最佳前卫设计师大奖得主。

他的设计使女性表现出一种独特的锐利和强悍，服装的线条简洁，款式极富性感。麦克奎恩擅长利用强烈的对比手法进行设计，在材质、工艺、色彩、图案上均体现出鲜明的对比，经常使用坚硬的、炫目的面料质感，并配以浓烈的色彩装饰，使外观效果强烈而狂放。他善于从过去吸取灵感，然后再大胆地加以"破坏"和"否定"，从而创造出一个具有时代气息的全新意念。在他的设计发布会中，常以庄严的神话队伍为主轴，利用镀金的盔甲、装饰的翅膀及其他视觉冲击力极强的素材，营造出令人无法忽视的时装新视界，见图8.12～图8.14。表8-3对麦克奎恩的设计特点进行了简要分析。

Alexander
MacQueen
服装发布会
【参考视频】

95

表8-3　麦克奎恩的时装设计特点分析

设计元素	特点分析
造　型	造型风格怪诞、离奇，多使用锐利强悍的外形轮廓，线条简洁、性感。善于借鉴动物形象为轮廓及装饰进行设计，造型设计大胆、夸张
面　料	常采用坚硬的、炫目的质感面料，再搭配一些仿生材料（如羽毛）作装饰
色　彩	色彩浓烈，对比鲜明，利用反常规的颜色及搭配方式突出怪诞的效果
图　案	采用大小、疏密、直曲等对比强烈的图案，以夸张、怪诞的风格为主

图8.12　麦克奎恩的夸张、怪诞的造型设计

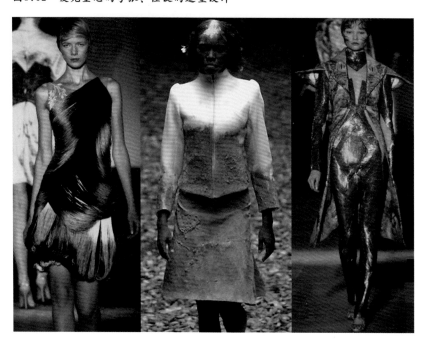

图8.13　对特殊材质的运用，突出了前卫的风格

麦克奎恩经常使用坚硬的、炫目的面料质感，并配以浓烈的色彩装饰，使外观效果强烈而狂放。

图8.14　以宗教、恐怖美学为设计理念的作品

麦克奎恩具有狂妄不羁的性格，被称为"鬼才"，他的作品跳出了传统高级时装的条条框框，将更多的街头时尚甚至是朋克的意识和造型引入了高级时装。他的设计离经叛道又富于优雅，惊世骇俗却不失韵味。

本 章 小 结

本章从服装的款式、面料、色彩、图案方面对前卫另类服装风格的设计特点、表现形式进行了阐述。前卫另类服装风格的表现形式通常体现为材料的独特性及形式的标新立异。此外，本章还分析了前卫另类风格代表服装设计师的作品，详细介绍了其作品的设计特点。

习 题

1. 试分析前卫另类服装风格的设计特点，分别从款式、面料、色彩、图案方面进行总结概括，要求绘制相应的款式图予以说明。

2. 运用本章中提到的关于前卫另类服装风格表现形式的分析，分别以摇滚音乐、鬼怪电影为素材进行创意设计，要求以服装效果图及实物的形式完成。

第9章　服装产品设计

 学习提示

　　掌握服装各产品类别的设计特点及设计方法，能结合市场因素进行产品设计，培养对市场的把握能力，以及对流行信息及其实际运用的掌握能力。

学习要求

　　不同的产品类别具有不同的设计特点，要运用不同的设计思路、方法进行设计，千万不能形成千篇一律的定性思维。在进行不同产品类别的设计时，多从市场的角度出发，运用实际可行的方案进行设计。

9.1　休闲服装设计

　　休闲服装是在一般社交场所穿用的轻松服装，它是相对于严谨正规的工作职业装和礼服而言的，是因人们追求轻松、崇尚自然质朴的生活方式而产生的。休闲装的设计具有广阔的空间，是现代服装设计产品的主要门类，具有流行性及休闲性等特性。

9.1.1　休闲服装设计的流行性

　　休闲服装拥有最广泛的消费群体，体现了大众所追求的流行时尚，其设计紧跟时尚潮流。休闲服的设计注重流行，款式结构不仅要富于一定的机能性，而且还要便于组合，以此满足消费者多元化的需求。其色彩的设计突出对流行色的运用，图案的设计不拘一格，搭配随意自由，见图9.1。

　　服装设计师不仅要根据市场流行的状况，及时把握流行的变更，还要及时掌握现代科学技术所带来的新面料、新工艺、新技术等方面的资讯，以增加休闲服装产品在服装市场上的竞争力。

图9.1　流行时尚的休闲服设计（作者：莫月广）

9.1.2　休闲服装设计的休闲性

　　休闲服装具有轻松随意的特点，其总体的设计风格趋向于宽松自然的造型、中性的色调、舒适天然的面料等。款式既可单件独立配置，也可与其他样式进行组合配套，也有的增加可拆卸的零部件作为装饰或功能部件，见图9.2。色彩搭配随意自然，柔和的协调色或强烈的对比色皆适用。在面料上常采用针织、棉麻、牛仔等面料，并配有各种拉链、腰饰、褶饰、扣饰等。

图9.2 随意搭配组合的休闲服装设计

可随意拆卸的腰部口袋、束腰装饰、背部零部件等都增加了服装的休闲意味。

9.2 礼 服 设 计

礼服（也称社交服）原本是指参加婚礼、葬礼和祭礼等仪式时穿着的服装，现则泛指出席某些宴会、舞会、联谊会及社交活动等正规场合所用的服装。礼服具有豪华精美、正统严谨的风格特点，带有很强的礼俗性。礼服的种类很多，从形式上可分为正式礼服和非正式礼服两种；从穿着时间上可分为昼礼服和晚礼服两种。礼服的造型设计别具风格，色彩设计华丽富贵，面料设计高档精美，工艺制作和装饰设计精致考究。

9.2.1 礼服的款式设计

礼服的特征主要表现在轮廓造型上，其设计的重点也集中在轮廓造型的变化上。礼服的轮廓造型可以概括为古典式、直筒式、披挂式和层叠式四种形式。女性的礼服款式以"X"造型最为常见，如图9.3所示为常见的女式礼服造型，男性的礼服以"X""H"造型最为常见，偶尔也会出现"Y"造型。礼服造型优雅适体、工艺精致，通常采用复叠式和透叠式的立体裁剪方法增加层次。

图9.3 常见的礼服款式设计（作者：张璇）

9.2.2 礼服的面料设计

礼服的面料多以光泽型的材质为主，这是由于礼服注重展现豪华富丽的气质和婀娜多姿的体态，其柔和的光泽或金属般闪亮的光泽有助于显示礼服的华贵感，使衣着者的形体更为动人，如礼服常采用带有光泽的丝绸面料配以蕾丝、缎带等作为装饰。

9.2.3 礼服的装饰设计

礼服十分重视装饰，无论在整体上还是局部上，精心而别致的装饰点缀是至关重要的。礼服常用的装饰手法有刺绣（丝线绣、盘金绣、贴布绣、雕空绣等）、褶皱（褶裥、皱褶、司马克褶）、钉珠（钉或熨假钻石、人造珍珠、亮片）、珍珠镶边、人造绢花等工艺，见图9.4。

2016 春、夏
米兰婚纱礼
服时装周
【参考视频】

图9.4 礼服常用的装饰设计

该组礼服系列为法国Robert Abi Nader设计的作品，运用了较常见的礼服装饰工艺，如褶皱、刺绣、钉珠、绢花等工艺，视觉中心突出而精美。

9.3 运动服装设计

运动服装是人们普遍的着装类型，它具有舒适、轻便等特点，是现代都市人在忙碌的生活后喜欢的着装。运动服装的造型轮廓以"H""O"造型居多，这样款式自然宽松，便于活动；色彩比较鲜明响亮，以白色、黄色、蓝色、红色居多，以达到醒目的效果；面料以透气、吸湿、机能性强的棉、针织等为主。

近年来，运动服装除了专业化运动服装外，更向生活化、实用化兼顾趣味性方面发展，出现了休闲类的运动服装、时尚类运动服等形式，这类服装不仅运动技能性强，而且非常轻便、时尚，图9.5所示为西服元素融入运动服装的设计，延伸了运动服装设计的范围。运动服装主要分为专业运动服装和运动时尚便服两种。

9.3.1 专业运动服装设计

专业运动服装是指从事一般户外体育运动和专业的体育运动、竞赛及训练时穿着的服装。现今，体育运动已成为人们日常生活中的一项重要内容，人们对运动服装的设计也提出了许多新要求。专业运动服装的设计具有一定的服用性、适应性、审美性、象征性、标识性等特点。这些主要体现在服装款式、面料、色彩的设计上。

图 9.5　运动服装与西服元素的结合设计（作者：蔡春平）

　　在款式设计上，要依据不同类别的运动项目分类设计。专业运动服装设计一定要适合相应的运动项目，使运动员达到最佳竞技状态，因此，设计师在设计前首先要获得可靠的人体测量数据，并掌握各项运动的运动特征和规律。专业运动服装的面料设计非常讲究，总体要求应具有良好的吸湿、透气、散热、保暖、防风、防寒、弹性和柔韧性等特殊功能。专业运动服装对色彩的选用也是非常关键的，色彩不仅具有标识的作用，而且还是影响运动员的生理和心理状态的一个重要因素，合理地利用服装色彩对于提高运动水平很有帮助。

9.3.2　运动时尚便服设计

　　运动时尚便服是20世纪70年代随着体育运动在人们生活中进入高潮的形势下发展而来的。人们对体育运动的多种需求也使运动服装呈现出多样化，并形成了一种运动式的时尚便服风格。现代的运动时尚便服已完全打破了传统服装观念对人体的束缚，运用流行时尚的色彩搭配，结合服饰配件的装饰，并采用时髦新颖的材质等，是目前服装市场上较有前景的服装种类，见图9.6。

图9.6　Y-3品牌的运动时尚系列

Y-3 Sport 运
动服装广告
【参考视频】

运动时尚便服的设计由于其本身的特点，在款式、色彩、面料、装饰等方面都呈现出独特性。运动时尚便服的款式设计不仅要考虑其服用功能性、服用机能性，在造型设计上还要考虑服装的时尚性。在设计时，其服装结构和相关饰配件不能影响肢体的摆动，款式上通常以T恤、夹克、外衣、运动裤、运动裙等样式为主。在色彩上应多选用明快、亮丽色系，但配色对比上应相对柔和些。在面料选用上，弹性、耐磨、吸湿、易干、轻便、触感好的材料是运动时尚便服的理想材料。在装饰设计中要充分运用镶、拼、滚、嵌等工艺，巧妙使用图案、拉链、贴标等装饰，使运动服装呈现时尚、休闲的特点。

9.4 商务服装设计

现代男士最普通的上班服是商务服装，商务服装的总体特点是宽松、舒适、自然，主要包括休闲西服、夹克、T恤、风衣等品类。商务服装重视服装的品质、形象与内涵，往往通过高档面料、精美工艺、沉稳色调来体现着装者的自信，见图9.7。商务服装是介于职业服装与休闲服装、运动服装、时尚服装之间的着装，不仅具有职业服装的一般特点，还具有优雅舒适和自然时尚的风格。

图9.7 高档面料、精美工艺、沉稳色调体现了商务服装的特点（作者：戴朝旭）

9.4.1 商务服装的休闲化

商务服装的休闲化是指在旧有的商务装中融入更多的休闲服装元素，逐渐摆脱了以往严谨的传统形象。它在款式造型设计上更宽松随意，趋于简单和流线型，外轮廓可采用"H"形的松腰和夹克式等造型。在袖型的设计上，更多地采用插肩袖和半插肩袖的形式，使整体效果更加灵活实用。在面料的设计上，多以传统的职业装面料结合休闲化的风格面料为主，如皮革、法兰绒、华达呢、大衣呢等面料结合针织、牛仔、各类花呢等，设色搭配灵活。通常运用贴袋、插袋、翻领、连帽、开衩、缝迹和辅料配件等细节设计，使其服装样式更实用耐看，见图9.8。总之，商务服装风格更趋向轻松、随意、舒适，使着装效果显得亲和而又不失活力、自信与品位。

劲霸男装2015时尚新款服装上海发布会【参考视频】

图9.8 轻松随意、自信而有品位的商务服装

该组商务男装作品是计文波为利郎品牌发布会设计的，在传统男装设计的基础上融入了休闲化的元素，舒适而不失其品位。

9.4.2 商务服装的时尚化

商务服装的时尚化已成为现代职业者着装的一种趋势，它体现了人们追求个性、崇尚时髦的心理。商务服装的时尚化主要通过不断吸取、融会现代的流行因素，以及具体的细节设计来体现，如在衣领、口袋、门襟、下摆等局部配以时尚化的系扣、系结、链饰、条带、线迹等装饰，采用特色的工艺制作手段等，形成有别于传统规整风格的商务服装样式，并通过与其他款式的搭配，更显现代时尚，见图9.9。

商务休闲男装
【参考图文】

图9.9 利用流行色点缀的商务服装设计（作者：吴凌燚）

9.5　儿童服装设计

儿童服装设计是一类特殊的服装设计。儿童与成人不同的一点在于儿童是不断成长发育着的。由于儿童的成长过程是不均衡的，每个年龄段的服装定位都有其设计特点与之相适应，所以设计师应充分研究儿童心理、生理的成长变化，以满足他们不同生长过程中的着装需要。儿童服装更注重功能性，充分体现其益智、美育、教化的作用。

9.5.1　婴儿服装的设计

从出生到周岁之内的婴儿所穿的服装称为婴儿服装，这时期的婴儿体型特征是头大身体小，身高只有4个头长，其生理特点是缺乏体温调节能力，易出汗，排泄次数多，皮肤娇嫩。因此，婴儿服装设计的总特点是：款式要简洁宽松，易脱易穿；面料以透气性好、柔软的天然纤维为宜，不宜有太多的扣袢等；色彩以浅色、柔和的暖色调为主，可适当以卡通绣花图案装饰，凸显天真性和趣味性。此外，婴儿服装设计需重视卫生与保护功能，如在扣系设计上，要注意前胸部位的开合门襟设计。总之，婴儿服装设计要强调结构的简洁性、合理性和方便性。

9.5.2　幼儿服装的设计

2～5岁的幼儿所穿的服装称为幼儿服装。幼儿的形体特点是头大，颈短而粗，肩窄腹凸，四肢短胖，身高为头长的4～4.5倍，成长速度很快。因此，幼儿服装设计应着重于形体造型，少使用腰线，幼儿女装轮廓多以"A"形为主，幼儿男装外轮廓多用"H""O"形等。这样的轮廓结构形式有利于幼儿的活动。面料以耐磨耐穿、易于洗涤为宜；色彩以鲜艳或耐脏的色调为主；局部常采用动物或文字等刺绣图案装饰，如口袋形状的设计可以花、叶、动物、杯子、文字等装饰，这样既实用又富于趣味性，见图9.10。总之，幼儿服装的设计应更多地考虑幼儿的生理安全性和卫生功能性。

图9.10　实用而具有趣味性的幼儿服装（作者：卢月嬬）

9.5.3　儿童服装的设计

　　6～11岁的儿童穿的服装称为儿童服装。儿童的总体特点是：生长速度缓慢，体型逐渐变得匀称，手脚增大，身高为头长的5～6倍。这时的儿童对美有了一定的敏感性，对服装已有了自己的喜好。这时的男女服装造型要有一定的差别，如女童的服装可以梯形、长方形、"X"形等近似成人的轮廓造型为主，而男童服装造型应大方、简洁，不宜有太多的装饰。儿童服装色彩可以强调对比关系，使整体变化多样。儿童服装面料选用的范围较广，天然和化学纤维均可。总之，这时期的儿童服装设计应更具有方便性、运动性、丰富性，适应这个年龄层次儿童的生理和心理状况，见图9.11。

婴儿与幼童装
【参考图文】

图9.11 时尚的儿童服装

9.6 内衣设计

这里所指的内衣一般为女性内衣，它是一种贴近人体肌肤的穿着服装，具有吸汗、透气、保温、柔软、护体、保健、整形、装饰等特点。随着各种功能材料相继问世，内衣既能塑造优美的体形，又兼具保健功效。内衣设计根据穿用需求，可分为贴身设计、功能设计、装饰设计三大类。

9.6.1 内衣的贴身设计

贴身内衣的设计应以保温、吸汗、保持外衣清洁及形态自然为主，一般包括泳衣、胸衣、内裤、汗衫、汗背心、棉毛衫、棉毛裤等设计。贴身内衣由于与皮肤直接接触，在面料的选用上以具有较好的延伸性、吸湿保暖、柔软透气、皮肤触感轻柔的材料为宜，多选用棉、丝织物、毛织物等材料制成。款式的设计注重机能性、适型性和简洁性，以保证躯干与四肢运动方便。色彩的设计多以柔美、雅致的色调相搭配，多饰以镂空花边及刺绣等营造柔和亲切之感，见图9.12。

内衣设计
【参考视频】

图9.12　造型独特、色彩淡雅的泳衣设计（作者：陆明）

9.6.2　内衣的功能设计

　　内衣除了具有保暖等实用性功能外，还具有一定的修正和保健功能，这也是目前消费者普遍关注的两个方面。具有修正功能的内衣品种有胸罩、束腰、裙撑等，它们主要起到整形或补正的作用。修正内衣在面料的设计上常采用一些回弹性强的材料制作，另配以化纤、海绵、丝绵、钢丝、松紧带、蕾丝、塑料等固定造型，其制作工艺较复杂。修正内衣的设计涉及对人体工程学的研究，因为它最终的效果是对人体起到矫正和整形的作用。保健功能的内衣一般具有卫生、保健和治疗等多重功效，如减肥、除臭、灭菌和抗感染等。总之，目前利用现代高新技术的发展设计制造的功能性内衣迎合了现代社会的保健消费意识。

9.6.3　内衣的装饰设计

　　装饰作用的内衣一般作为礼服、连衣裙等的陪衬使用，或者直接外穿搭配其他样式。装饰内衣可以使外衣显得流畅而具有层次感，既能保持外衣的完美造型轮廓，又能使外衣裙不致贴体，行走和活动时自如舒适。装饰内衣在设计上多运用刺绣、抽纱或加饰各种花边等手段进行装饰。目前，内衣外衣化和内衣时装化已成为时尚潮流，甚至有的设计师推出情趣内衣设计，在内衣造型中运用各种奇特的材料，使之产生一种特殊的、新奇的视觉效果，见图9.13。

Punto Blanco
中国国际服装
服饰博览会内
文走秀
【参考图文】

图9.13 内衣的时装化（作者：谭金玲）

9.7 牛仔服装设计

牛仔服装原为美国人在开发西部的黄金热时期所穿着的一种用帆布制作的上衣，后通过影视宣传及名人效应，发展成为日常生活穿用的服装。20世纪70年代，牛仔服装曾风靡全世界，其面料多用坚固呢制作，到目前款式已发展到牛仔夹克、牛仔裤、牛仔衬衫、牛仔背心、牛仔马甲裙、牛仔童装等多种款式。牛仔服装以其坚固耐用、休闲粗犷等特点深受各国人民喜爱，虽然它的整体风格相对模式化，但其细部造型及装饰则伴随着流行时装的周期与节奏，不断地演绎和变化。

牛仔服装样式变化多样，包容性极强，有着独特的审美特征，其受大众普遍接受的程度是其他服装所无法比拟的——青少年可穿出青春活力的美，中老年可穿出洒脱干练的美；下层人士可穿出无拘无束的感觉，上层人士可穿出平易近人的感觉。

9.7.1 牛仔服装的设计特点

牛仔面料由于其自身的特点，在设计审美上具有多样性及灵活多变的特征。

（1）牛仔服装的经典设计。

牛仔服装的经典之美就是一种粗犷开放运动之美。其靛蓝色彩、双明线、铜纽扣、五袋制、牛仔裤上的破洞和磨损设计等，都是牛仔服装的经典设计。尽管现代的牛仔服装色彩、款式、面料等各方面都突破了原有的局限，但经典的设计仍然独具魅力，为怀旧尚古的人们所青睐，见图9.14。

（2）牛仔服装的前卫设计。

牛仔服装的前卫设计具有叛逆、颓废等超现实的美感。牛仔服装前卫设计主要体现在宽宽的折边裤脚、剪洞磨毛、加须边、喷绘图案、缀以金属装饰或增添无数口袋和铆钉等变化，另外还通过镶拼和手工扎染、手工刺绣等工艺突出装饰效果。前卫的牛仔服装设计通常在服装上做加减法处理，夸张的程度越大则超现实、反主流的效果越明显。

（3）牛仔服的性感设计。

性感美是20世纪80年代以后牛仔裤的主题。性感设计主要指紧身贴体的女式牛仔裤、牛仔短裙和背带裙，以及连衣裙等样式的设计，它是20世纪90年代牛仔服的流行趋势。打破传统的经典样式，把一些具有弹性的牛仔面料设计成紧身贴体的造型，可以使牛仔服装的性感之美得到强化。

图9.14　牛仔的蓝色、破洞及磨损设计

9.7.2 牛仔服装的色彩设计

牛仔服装成为流行时装后，在色彩方面可谓多姿多彩、千变万化，但最经典的、运用最广泛的还是原始的牛仔服装蓝颜色，牛仔服装蓝色调以靛蓝色和黑色为主。彩色牛仔服装所占牛仔服装的比例只是极小的一部分，有时可将牛仔布进行染色、水洗、做旧、石磨、扎染、喷绘、车缝等工艺来增加牛仔服装色彩的变化。牛仔服装的靛蓝色经过多次洗涤后，蓝色就会褪露出织物的本色而发白发灰，这种褪色后的效果就成为牛仔服装色彩的重要外观特征。褪色的牛仔服已成为人们追求的对象，尤其酸洗、石磨、砂洗等仿旧效果的牛仔服装更是受到现代人的喜爱。

9.7.3 牛仔服装的面料设计

牛仔服装通常采用的面料是斜纹布，而且不管现代新科技、新材料怎样发展，斜纹布依然是牛仔服装最经典的面料。斜纹布俗称劳动布，又名坚固呢、牛仔布。它是一种质地紧密的粗斜纹棉织物，经纱用靛蓝或硫化蓝染成的藏蓝色纱，纬纱用本白纱，织物斜纹纹路清晰，正面经浮点多且呈藏蓝色，反面纬浮点多且呈本白色。斜纹布经过多次洗涤后造成特殊的均匀褪色的效果，这是牛仔面料所特有的外观特征。

随着科技的进步，牛仔布已不再局限于斜纹布一种，还有正斜的、破斜的、色织的、条格的，以及小提花、大提花、闪光、涂料印花、电子机绣、嵌金银丝牛仔布等品种，尤其弹性牛仔布得到了广泛流行。牛仔面料的设计不仅能改变其本身的性能，而且能使外观效果更加丰富。目前，牛仔服装的面料设计开发已成为牛仔服装设计竞争的新热点。

9.7.4 牛仔服装的款式设计

牛仔服装最早的款式是牛仔裤，即"工作裤"。在美国开始流行后，牛仔裤纷纷被做成直筒形、瘦窄形、萝卜形、喇叭形等各种各样的款式。之后，牛仔服装又逐渐趋向实用性、多样性，开始出现了一些新的样式，如牛仔背带裤、牛仔裙、牛仔外套、牛仔背心等，甚至有些设计师把牛仔服装设计成风衣、礼服等样式，完全打破了牛仔服装的传统的款式造型。如图9.15所示的创意设计打破了传统的牛仔服装造型，并结合传统的扎染面料与雪纺进行组合，使牛仔服装样式呈现多样性的外观效果。

牛仔服装设计
【参考图文】

图9.15　打破传统牛仔服装造型的创意设计　（作者：徐牧野）

9.7.5　牛仔服装的局部设计

牛仔服装常用层叠、套色、拼接、烧裂、撕割、印染等工艺方法进行局部装饰。这些装饰工艺极大地开拓了牛仔服装的设计领域。如在牛仔服装上抽出凌乱不堪的毛边，加之缀满铆钉、钎子、皮条的配饰，就成为街头时尚最流行的样式。另外，闪光刺绣、金属片、珠粒等工艺手法的运用使牛仔服装增添了高贵的气息。牛仔服装最常用的局部设计包括以下几种形式。

（1）刷白。

刷白是牛仔服装设计的重要特点。牛仔面料在经过不同层次的蓝色套染，造成喷砂刷黄、绿或淡蓝的效果后，就可将自然的铜绿、土壤黄烙印在牛仔装上。通过巧妙的洗漂染，还可以使牛仔服装呈现类似"发霉"的视觉效果，这是牛仔服装呈现怀旧特征的主要方面，见图9.16。

（2）抽须。

牛仔服装最极致的设计表现就是抽须。牛仔布是由蓝棉线和白棉线为经纬织出来的面料，表面是蓝色，但因为抽须，底下的白色棉线露出来，可以呈现镶滚白色布边的效果，这是牛仔服装饰所独有的特征。

意大利牛仔品牌 Met 2012秋冬时装秀【参考视频】

（3）磨损、撕裂。

磨损设计在一些平日就易磨损的部位有所体现，如大腿、膝部等常制造出些许磨旧脱色痕迹。不是所有的布料都可以设计成"撕裂"效果，只有纤维坚固、粗厚的牛仔布可在撕裂之后，才不会肢解、分崩离析，甚至还会产生优美的垂坠感和弧度。牛仔裤最常见的设计手法就是在裤上撕裂出一条条的破洞，展现放浪不羁的粗犷感。

（4）刺绣。

在牛仔布上刺绣是牛仔服装的一种新装饰方法。随着牛仔外套、牛仔衬衫、牛仔裙的出现，牛仔服装的装饰手法有了更多可能。人们在牛仔服装上刺绣，或以纺织带和织锦缎镶边等为牛仔服装增添了不少的柔美气息，使原来粗犷不羁的牛仔服装也有了温情婉约的一面。牛仔服装采用的绣花装饰手法，在设计和制作的处理上一般会采用绣珠片装饰的立体绣法和直接在面料上绣线装饰的平面绣法。

（5）彩色绣章。

把彩色绣章拿来贴缝在牛仔服装上，能使本来沉闷的蓝色或黑色增添青春活力。带有POP卡通形象、字母的彩色贴片绣章装饰独立、拆装自由，可以尽可能地表现穿着者的个性，这是年轻人所着牛仔服装经常采用的装饰方式，见图9.16。

图9.16 牛仔服装的徽章拼贴设计

该组设计作品是 Charles Anastase设计的，牛仔面料呈现类似"发霉"的视觉效果，以及徽章的拼贴，消减了整体色彩的单调感。

（6）缝线、铆钉。

双行缝线及口袋的铆钉也是牛仔服装典型的特征之一。现在牛仔服上的双缝线及铆钉已从单纯的功能性转化为装饰性为主的局部设计。牛仔服装上特定的固定缝线、多重缝线及铆钉的设计，不仅突出显示了牛仔服装的功能性，而且还丰富了其外观视觉效果。

本 章 小 结

本章对常见的服装产品进行了分类，对休闲服装、礼服、运动服装、商务服装、儿童服装、内衣、牛仔服装等常见的服装产品进行了分析，对其设计特点、设计方法进行了阐述。目的是使学生能够适应不同服装产品类别的设计，并能够对各产品类别的设计特点进行融会贯通，开阔思路，以提高对服装市场的把握能力。

习 题

1．服装产品的种类有哪些？分别分析各种类的设计特点。

2．市场上各类服装产品所代表的知名品牌有哪些？分析这些品牌产品的设计特点。

3．分别对休闲服装、礼服、运动服装、商务服装、儿童服装、内衣、牛仔服装等产品进行系列设计（一个系列设计5套）。要求实用性与创意性相结合，以服装效果图的形式完成，并说明这些产品的市场定位及消费群体情况。

Y-3 2016 春
夏时装秀
【参考视频】

时尚服装设
计所体现的
多样性
【参考图文】

第10章　服装设计大赛参赛系列设计

 学习提示

　　应基本了解国内外服装设计大赛的参赛信息，理解参赛系列设计的特点及方法。加强服装设计专业的理论基础和实践创新能力，提高实际的设计制作能力，并踊跃参加国内外各类服装设计大赛。

学习要求

　　要求具有一定的实践能力，包括设计和制作的实际能力，掌握各设计大赛的具体类别及要求，能够运用合理的设计方法进行参赛设计。应深刻认识到大赛设计作品的视觉效果要醒目，并能充分把握服装面料、色彩的整体协调搭配。

　　目前，国内外的服装设计大赛非常多，有国际、国家、省、市甚至校级别的。尤其是在国内，随着服装设计大赛组织得越来越完善，大赛的层次、定位、风格等都已经发展得越来越全面。国内有许多著名的设计师都曾经在国内外有影响的设计大赛中获奖，如马可（见图10.1）、吴海燕、赵玉峰、祁刚、武学凯、张继成、唐炜、张伶俐、计文波、曾凤飞等众多国内著名的服装设计师都曾以各种方式参加过服装设计大赛。参加设计大赛不仅可以帮助学生提高设计能力及制作水平，而且可以为学生的工作就业铺设道路，同时大赛的主办方也能从参赛人员中挖掘新人，并提高其行业水平及社会影响力。

图10.1　马可设计的"秦俑"作品获得第二届"兄弟杯"金奖

马可是国内知名的服装设计师，现为"例外"品牌的设计总监。他于1994年参加了第二届"兄弟杯"国际青年服装设计大赛，以"秦俑"系列Exception组装获大赛唯一金奖。

马可简介
【参考图文】

10.1 服装设计大赛分类

学生参加的服装设计大赛主要以国内的赛事为主，各种级别、各种类别的大赛都有。按目前较流行的分类方法，可以把服装设计大赛分为创意设计大赛和实用设计大赛；按产品类别分，有休闲服装设计大赛、婚纱设计大赛、针织设计大赛、T恤设计大赛、皮革设计大赛、内衣设计大赛等；也有以综合类别参加的设计大赛，如"中华杯"国际服装设计大赛等。除此之外，还有以服装效果图为主的设计大赛。由近几年学生参加较为频繁的服装设计大赛来看，目前主要有以下几种大赛类别，见表10-1。

表10-1 国内服装设计大赛主要类别

类　别	大　赛　名　称
创意设计大赛	"汉帛杯"服装设计大赛、"中华杯"国际服装设计大赛、CCTV服装设计电视大赛、中国时装设计新人奖、"大连杯"中国青年时装设计大赛（兼实用）、"先锋杯"中国青年服装设计大赛、"卡锐仕杯"全国时装画艺术大赛、"江服杯"服装设计大赛、"润华奖"服装设计暨模特大赛、"海澜之家杯"创意设计大赛、中国时装设计创意大赛、"益鑫泰"中国服装设计大赛等
实用设计大赛	"杉杉杯"时装设计大赛、"绮丽杯"时装设计大赛、"虎门杯"国际青年设计（女装）大赛、"真维斯杯"休闲装设计大赛、"万事利杯"中国国际女装设计师大奖赛、"浩沙杯"中国泳装设计大赛、"福华世家杯"中国童装设计大赛、海宁·中国经编服装设计大赛、"名瑞杯"中国婚纱设计大赛、"欧迪芬杯"中华内衣元素创新设计大赛、"真皮标志杯"中国鞋类设计大赛、"三利杯"中国毛线编织设计大赛等

1. 创意设计大赛

创意设计大赛需要有明确的主题，在符合主办宗旨的前提下，力求创造出风格独特、时代鲜明的设计作品。面对大赛主题，要精心选择新颖的设计题材，要勇于打破传统常规的表现形式，利用丰富多样的设计语言表达新奇的视觉效果。在造型设计上，要力求打破传统的美学法则，巧妙利用细节。在色彩的设计上，要注重视觉冲击力，力求色彩效果醒目突出。在面料的设计上，应更多地利用再造方法对常规面料进行改造，也可利用非传统的服装材质，如塑料、金属、钢丝、纸张等。

"中华杯"
介绍
【参考图文】

2．实用设计大赛

实用设计大赛主题明确，可以为某一具体产品进行设计，这就要求设计者在创新的基础上更注重实用功能。在参加这一类大赛时，要紧紧把握当今的时尚潮流，在造型、色彩、面料的设计方面要紧跟主办方确定的产品风格，将流行元素与产品设计牢牢结合。

10.2　服装设计大赛中的系列设计

一般的服装设计大赛都会要求参赛者按照系列来设计，通常要求一系列在3～6套服装不等。因此，学生对系列设计的理解程度会直接影响他们最后的参赛效果。

10.2.1　系列设计的含义及意义

系列是指某一类产品中具有相同或相似的元素，并以一定的次序和内部关联性构成各自完整而又相互联系的产品或作品形式。服装系列以相似元素的设计来表现其整体统一，可从服装的造型、色彩、材料、图案及配饰的相似性方面着手，这几大元素是系列服装设计的统一体，它们的组合是综合运用关系。在进行两套以上的系列服装设计时，除了单件服装之间要有某种相互关联的元素外，每套服装之间也必须存在某种设计元素的关联性，强调设计中形成的系列感觉。因此，每一系列的服装在多元素组合中表现出来的关联性和秩序性是系列服装设计的基本要求。

服装系列设计可以形成一定的视觉冲击力。无论是品牌服装的专柜、商店橱窗或舞台展示，还是学生参加的服装设计大赛，皆以整体系列的形式出现。在参加大赛的设计中，系列服装更能制造声势，对作品起到渲染和烘托的作用。

10.2.2　系列设计的表现形式

1．造型的统一

通过服装廓型或内部结构之间的统一关联形成造型上的一致，从而形成系列感的形式。服装造型上的统一是服装系列产品、服装设计大赛系列作品中较常见的一种形式。在统一风格的外廓型下，系列服装设计可通过局部结构的变化，如通过领子的大小、口袋的大小位置、袖子的长短及分割线的变化来增加服装整体的丰富性，这样就可以使系列服装在保持外形相同或相似的前提下仍然有丰富多样的变化，并通过此形式来突出服装系列设计的感染力。

此外，可以通过相同或相似的内部细节设计来使不同外轮廓的造型得到统一，使服装的内部细节关联元素统一在多套的服装中，见图10.2。

图10.2 以内部造型的统一形成的系列设计作品（作者：梁正维）

2．色彩的关联

色彩的关联所形成的系列形式是指以一组相同或相似的色彩搭配作为服装中的统一元素，通过色彩的渐变、重复、调和等法则进行色彩的搭配，并用色彩的纯度、明度、冷暖关系进行调和与变化。色彩关联形成的系列服装在造型和材料的选择上可以不同，各套不同造型的服装由于使用相同或相似的色彩搭配，使得系列服装的视觉效果能够形成整体统一，见图10.3。

3．面料的一致

面料的一致是指利用一种相同的或多种统一的面料搭配，并通过不同造型元素的对比或组合表现系列服装。在这类设计中，面料的风格、肌理、色彩、图案等要素要慎重选择，服装的造型可以不受限制，服装整体主要依靠面料本身的特征来形成强烈的视觉效

图10.3　以白色为统一元素的系列设计作品（"名瑞杯"婚纱设计大赛参赛作品）

果，从而形成系列感。因此，系列感的面料必须具有明显的特征，具有强烈的视觉效果，可以通过一定的面料再造使其具有震撼力，见图10.4。

图10.4　用相同一组面料搭配的系列设计（"汉帛杯"金奖作品：《时尚新贵》
作者：胡劢）

"汉帛杯"
介绍
【参考图文】

4．工艺的统一

在系列服装设计中，可通过特色的工艺强调服装之间的关联性，特色的工艺主要包括绣花、抽褶、饰珠、镶边、染色等。在具体的设计中，一般多套服装通过同一种工艺手法进行设计的统一，强调工艺的设计手法在很多的大赛设计作品中都能见到，如图10.5通过相同的褶皱处理，使系列服装的元素得到统一。

图10.5　以统一抽褶的工艺进行的系列设计（作者：陈琦）

5．配件的协调

通过搭配风格类似的服装配件进行协调的系列设计，服装的配件不仅起到搭配的呼应关系，还可以烘托服装的设计效果，突出系列服装的整体风格。通过配件强调系列感的设计中，服装造型必须简洁大方，配饰选择要有特色，并与服装整体风格一致。这些系列配件可以是相同的，也可是不同的，配件的一致关键是要使系列设计在遵循统一中求变化，力求做到协调服装整体的效果，见图10.6。

图10.6 通过相同的配件进行协调的系列设计（作者：赵永娜）

在服装系列设计大赛的作品中，除了以上常见的几种表现形式外，还有通过类似图案、相同的题材、统一的形式美等表现形式，来达到系列服装的整体效果，见图10.7。不同主题的设计大赛可以选取不同的表现形式来进行系列服装设计，这主要视设计大赛的具体要求而定。

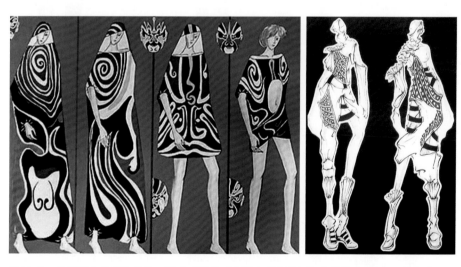

图10.7 以图案为素材进行统一的系列设计（左图为"虎门杯"参赛作品 作者：刘玉丽；右图作者：梁捷）

"虎门杯"
介绍
【参考图文】

10.2.3　系列设计的方法

1．以某一造型为基础进行延伸

在系列设计中，以某一造型为原型的基础上从多种思维角度出发进行拓展和延伸设计，使之产生许多相互关联的新造型元素，这是学生较常用的设计方法。从图10.8所示的系列服装中可以看到，该设计者对统一抽象的圆弧曲线进行了延伸设计，并以此元素为基础不断进行细节的变化、面料的再造、颜色的替换等，使系列服装整体协调一致。

图10.8　以抽象的圆弧曲线为造型进行的延伸设计（作者：司徒富荣）

2．从单个细节要素进行整体设计

从单个细节要素进行整体设计是指在系列设计中以单个细节为元素进行组合、派生、解构、再造等的设计。这是从局部进行的设计方法，这个细节要素可以是服装内部的结构，如口袋、拉链、扣子、领子等局部，也可以是面料的某一颜色组合或某一特征的图案等。把这些细节元素经过提炼后再分布到系列服装中的每一款式上，就可以形成统一的系列设计作品，见图10.9。

图10.9　以口袋的造型进行派生、组合的系列设计（作者：黄智锋）

3．以单个饰品为元素进行组合搭配

这是从服装单个的饰品进行系列设计的方式，以每一饰品为主要元素，可以是镶嵌在服装中的饰品，也可以是独立搭配或可以拆卸的一件饰品。以单个饰品为元素的系列设计要在每款服装中尽可能进行相同或类似的饰品搭配和组合，通过分离、上下、左右等位置的变化，丰富不同服装款式的搭配效果。

4．以设计草图为蓝本进行系列整合

从许多不成系列的设计草图中挑选出一些设计稿图，并对它们进行构思整合，通过统一造型、细节、色彩、面料、图案等元素来形成系列化的设计，见图10.10和图10.11。平

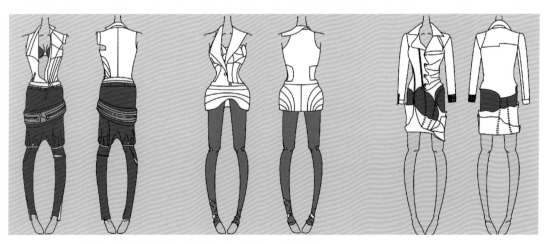

图10.10　以设计草图为蓝本进行的系列整合（作者：梁杏媚）

时在练习中积累的一些设计稿图，选出一些具有一定的可选性，效果会比较突出的设计稿图，并通过利用这些草图进行系列设计激励学生关注平时的积累，使他们注重平时日常生活所产生的灵感。

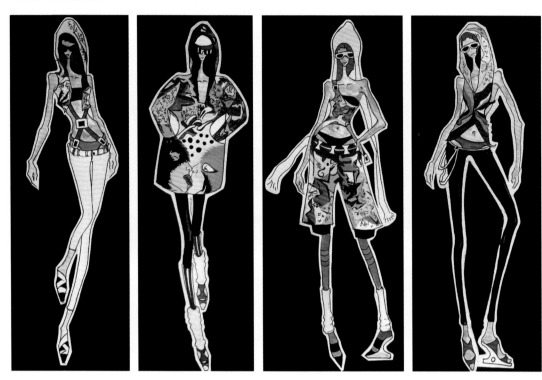

图10.11　选取设计草图后，通过统一的色彩及图案变化形成的系列设计（作者：丘媚）

10.3　参赛作品赏析

在校学生参加服装设计大赛时要先按照征稿要求画出设计效果图。有的服装设计大赛的参赛效果图要求画出款式图和标注选用面料，并且效果图的视觉效果要强烈突出，如果仅有理想的设计构思，没有一定的表现形式的设计是不会引起评委注意的。部分参赛设计效果图见图10.12～图10.15。此外，在效果图中还要写上设计说明及特殊的工艺制作等。待入围评选结束后，主办方将开始通知入围选手参加决赛，入围选手就可以开始制作服装，包括对面料的选用、打版、裁剪、制作等一系列工序，最后完成设计实物才能进行决赛，决赛多以动态的表演形式进行。图10.16和图10.17所示为服装设计大赛参赛选手参加决赛的实物作品。

图10.12　参加服装设计大赛的系列服装设计效果图（作者：陈小力、徐强）

图10.13　参加"真维斯杯"休闲装设计大赛的参赛作品　（作者：张军亮）

图10.14　色彩统一的参赛系列设计作品　（作者：李庆敏）

图10.15　具有民族传统元素统一造型的参赛设计作品（作者：刘海燕）

图10.16 中国时装设计"新人奖"的决赛作品（左图作者：陆燕彬；中图和右图作者：陈慧慧）

图10.17 "汉帛杯"第21届中国国际青年设计师时装作品大赛总决赛金奖作品及设计师

"新人奖"
介绍
【参考图文】

本 章 小 结

本章介绍了服装设计大赛分类、服装设计大赛中的系列设计、参赛作品赏析的知识内容，着重对参赛系列设计的表现形式和方法进行了讲述，使学生掌握运用以造型、细节、饰品、草图为基本要素进行系列设计的方法。

习 题

1. 以某一具体的主题为例，通过围绕主题进行系列设计，数量要求设计5套，配饰齐全。

2. 组织学生参加某一服装设计大赛，并按照大赛主题和要求进行具体的系列设计。

第11章　服装结构设计案例

 **学习提示**

通过审视服装效果图的结构组成，以及服装各部位的具体尺寸和比例关系，培养对服装结构的分解能力，能够系统地掌握纸样设计的实际应用能力。同时，通过一定的理论基础和动手实践的基本训练，培养从款式设计到纸样结构设计的综合能力，从而使服装设计构想能够得到实现。

学习要求

要求正确应用纸样原理进行不同服装款式的结构设计，把握结构设计与造型设计配合的艺术性，以及纸样设计与人体配合的科学性，注重培养创新能力。

根据服装设计各阶段的不同工作内容及特点，将服装设计分为款型设计、结构设计和工艺设计三个部分。款型设计是进行设计的总体方向和基调；结构设计则是实现技术设计的核心，它既是款型设计的延续和发展，又是工艺设计的准备和基础。结构设计是一项将立体视觉艺术展开成图形的过程，属于形象思维与逻辑思维间的立体造型技术内容。结构设计工作范围包括：根据款型设计和服装效果图要求进行结构制图；在分析和了解穿着对象的生理、心理和环境特点，以及掌握款型、面料、色彩服用特性的基础上，通过立体与平面等方法做出服装结构制图，制定服装规格，完成服装样板推档等设计。在服装设计中，结构设计起着承上启下的作用。

一件服装设计作品是否完美，不能只注重服装款式外在的形态美，服装的适身合体、舒适感及实用功能等服装内在的结构美也十分重要。服装款式外在的形态美是服装设计的重要内容，但需要通过服装结构设计来创建，如果不具有美的结构，服装的款式外形再美，也将失去服装存在的实用价值和审美价值。

服装结构设计有两种形式，一是在人体模型上（或直接在人体上）的立体裁剪式的结构设计，二是手工（或运用电脑）平面的结构设计。其中，平面结构设计的方法制图方便、简单，且成本较低，目前仍然是我国服装行业中最主要、最普遍的方法。以下将通过运用平面的结构设计方法对前几章典型的服装款式进行服装结构设计案例分析。

11.1 实用类服装结构设计案例

(cm)

名称	号型	衣长（L）	胸围（B）	背长（BL）	肩宽（S）
规格	160/84A	51	90	37	39.4

(cm)

名称	号型	裤长（L）	腰围（W）	臀围（H）
规格	160/68A	48	70	92

工艺要求：上装胸围的放松量为6cm。"V"字领、无袖。前片有高腰分割缝，直分割缝，横开袋。裙子臀围的放松量为6cm，下为大摆裙。

面料应用：采用带有金属光泽的面料。

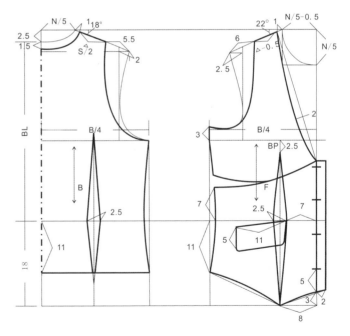

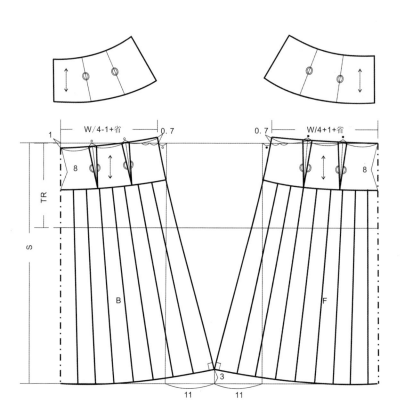

名称	号型	衣长(L)	胸围(B)	袖长(SL)	袖口(CW)
规格	170/92A	75	96	59.5	30

(cm)

名称	号型	裤长(L)	腰围(W)	臀围(H)
规格	170/92A	99	96	115

(cm)

西装上衣

规格	号型	胸围	腰围	衣长	袖长	袖口宽
尺寸	170/92A	112	96	75	59.5	30

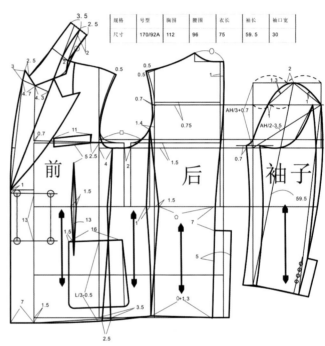

前　　后　　袖子

坎肩

规格	号型	胸围	衣长
尺寸	170/92A	115	21.8+33(帽子)

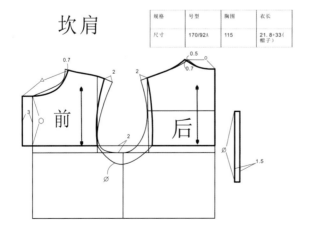

前　　后

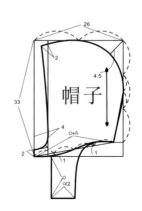

帽子

裤子

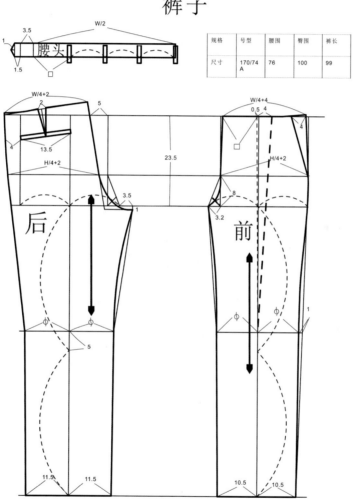

规格	号型	腰围	臀围	裤长
尺寸	170/74 A	76	100	99

(cm)

名称	号型	衣长（L）	胸围（B）	背长（BL）	肩宽（S）	袖长（SL）	袖口（CW）
规格	160/84A	64	96	37	39.4	45	12

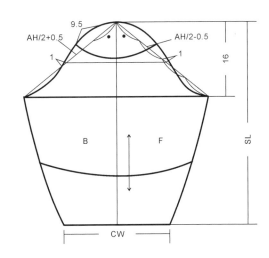

工艺要求：上装胸围的放松量为12cm。圆领，前后衣片、袖片通过分割和镶边起到装饰效果。一片七分袖。

面料应用：采用棉、麻等天然面料。

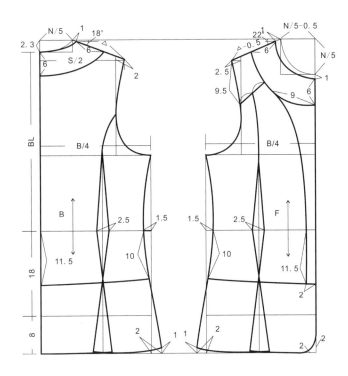

(cm)

名称	号型	衣长（L）	胸围（B）	背长（BL）	肩宽（S）	袖长（SL）	袖口（CW）
规格	160/84A	51	94	37	39.4	41	12

(cm)

名称	号型	裙长（L）	腰围（W）	臀围（H）
规格	160/68A	40	70	104

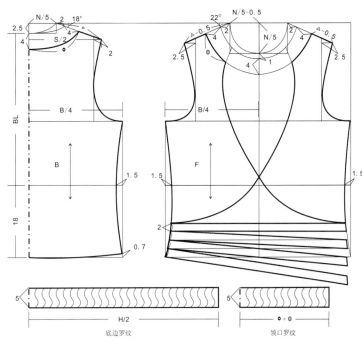

工艺要求：上装放松量为12cm，袖口、领口、底摆用螺纹装饰。一片式圆装中袖。低腰短裙，腰口处束装饰腰带。

面料应用：采用针织类面料。

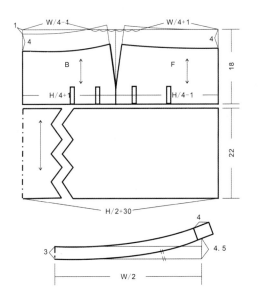

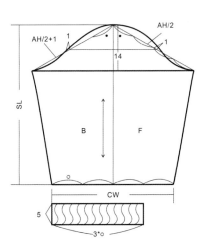

11.2 创意类服装结构设计案例

(cm)

名称	号型	衣长（L）	胸围（B）	背长（BL）	肩宽（S）	袖长（SL）	袖口（CW）
规格	160/84A	51	94	37	39.4	41	13

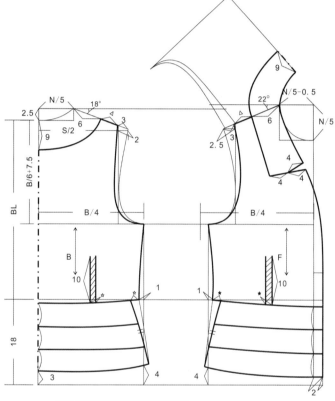

工艺要求：上装胸围的放松量为10cm，摆缝收腰省，腰位置收褶，腰节以下用分割线来处理，门襟为敞开式。一片袖，袖形采用多层重叠方式处理。

面料应用：采用带有金属光泽的面料。

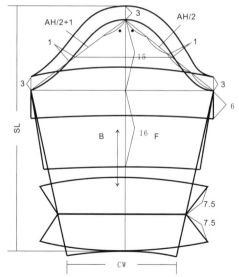

(cm)

名称	号型	衣长（L）	胸围（B）	背长（BL）	肩宽（S）	袖长（SL）	袖口（CW）
规格	160/84A	51	94	37	39.4	41	12

(cm)

名称	号型	裤长（L）	腰围（W）	臀围（H）	脚口（SB）
规格	160/68A	96	70	92	18

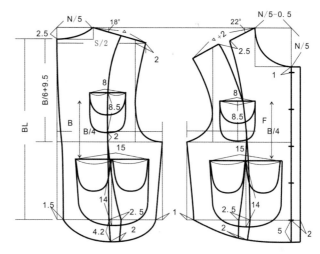

工艺要求：上装胸围放松量为10cm，通过分割线处理收腰省、肩省。衣片、袖片多处有装饰贴袋。下装臀围放松量为6cm，底腰、省道通过分割线来处理。

面料应用：采用牛仔服面料。

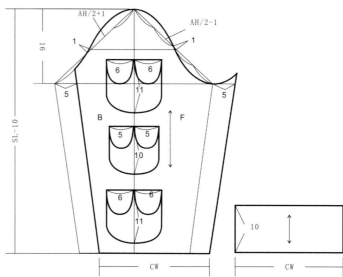

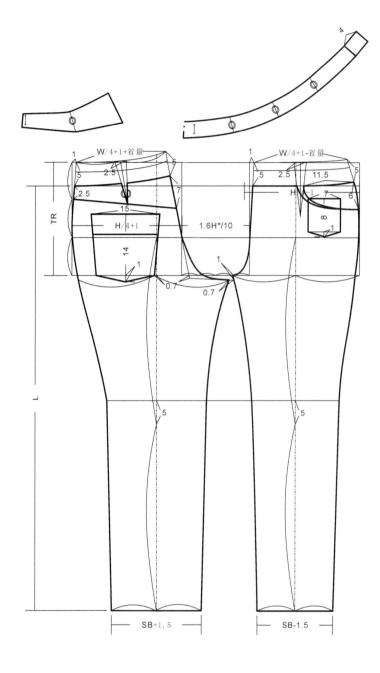

名称	号型	裤长（L）	腰围（W）	臀围（H）	脚口（SB）
规格	160/68A	56	70	104	22

工艺要求：下装臀围的放松量为14cm，脚口收小，七分裤，在侧缝处有4个分割，内裆有一块黑色镶嵌布。

面料应用：采用麻布、帆布等质地粗犷的面料。

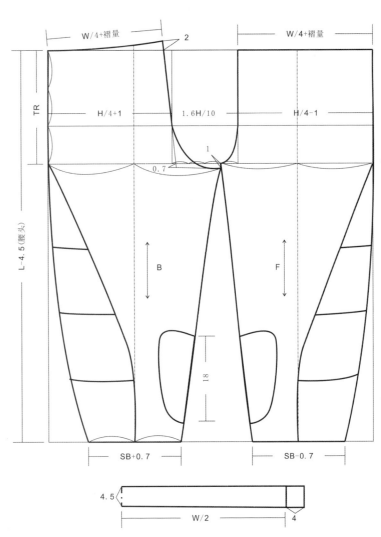

(cm)

名称	号型	衣长（L）	胸围（B）	背长（BL）	肩宽（S）	袖长（SL）	袖口（CW）
规格	160/84A	51	94	37	39.4	41	12

(cm)

名称	号型	裤长（L）	腰围（W）	臀围（H）	脚口（SB）
规格	160/68A	48	70	92	22

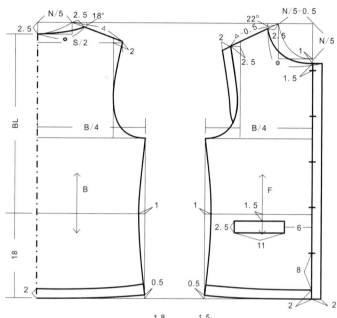

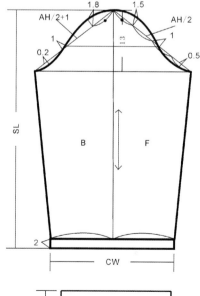

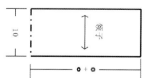

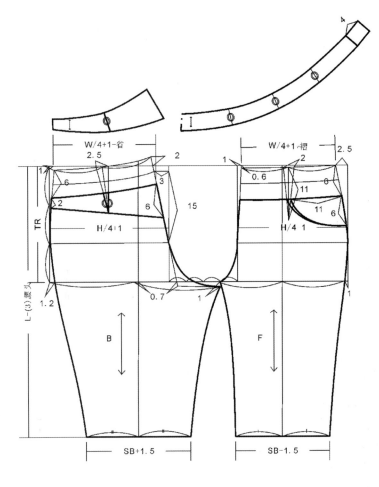

（cm）

名称	号型	衣长(L)	胸围(B)	袖长(SL)	袖口(CW)
规格	170/92A	72	96	52.5	48

（cm）

名称	号型	裤长(L)	腰围(W)	臀围(H)
规格	170/92A	53	96	115

男无袖小立
领晚礼服衬衫
170/92A

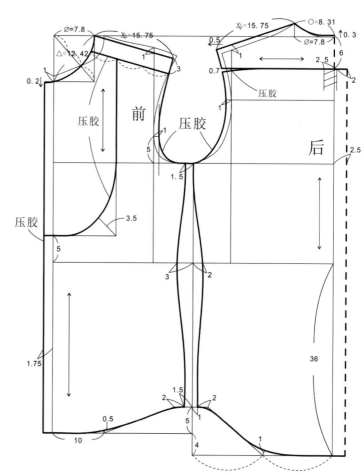

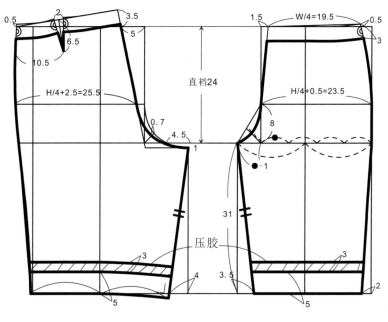

左前
右前

男运动裤
170/78A

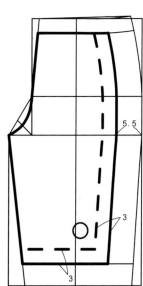

∅=8　△=17.37

△=12.48

0.3↓　1

2.5

2

2.5

2　9.5

6

1

前

4

3

1.5

3

9

11

5.5

2

4.5

2

4

1.5　1.5

7

1.5

3

△=17.37　0.7

0.5　○=8.36

∅=8

12

后

30

3

男翻领休闲夹克

170/92A

缝合处压胶

1

后AH-0.5=26.84

1.5

后AH-0.5=27.28

AH/5=11

压胶

袖长52.5

袖

领子

5

7.5

4

1

0.7

△+○=21.87

2.5

4.5

3.5　3.5

0.7

接缝后两边各压2cm胶

1

5　袖克夫

2

24

11.3 阿玛尼品牌服装的结构设计案例

(cm)

名称	号型	衣长 (L)	胸围 (B)	背长 (BL)	肩宽 (S)	袖长 (SL)	袖口 (CW)
规格	160/84A	51	92	37	39.4	61	13

(cm)

名称	号型	裙长 (L)	腰围 (W)	臀围 (H)
规格	160/68A	70	70	92

工艺要求：上装放松量为8cm。收腰省，放摆，女式两片袖，直筒裙，裙下摆加放荷叶边，后中上拉链。

面料应用：上装采用具有金属光泽的面料，下装用棉类面料。

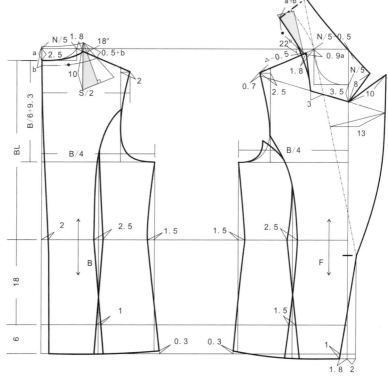

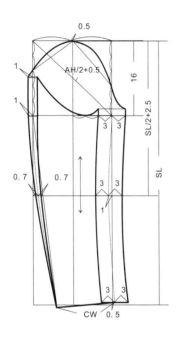

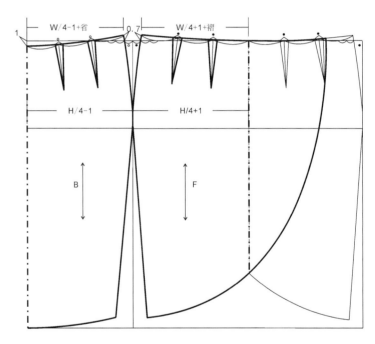

(cm)

名称	号型	衣长（L）	胸围（B）	背长（BL）	肩宽（S）	袖长（SL）	袖口（CW）
规格	160/84A	51	92	37	39.4	58	14

(cm)

名称	号型	裙长（L）	腰围（W）	臀围（H）
规格	160/68A	58	69	92

工艺要求：上装胸围放松量为8cm。收腰省，前片分割。门襟半敞开，下摆、袖口嵌边。一片九分袖。直筒裙，臀围放松量4cm。后中上拉链。

面料应用：上装为格子薄呢类面料，下装为棉类面料。

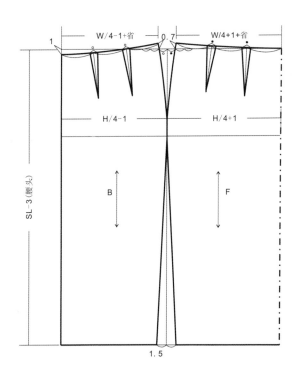

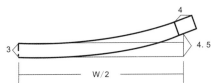

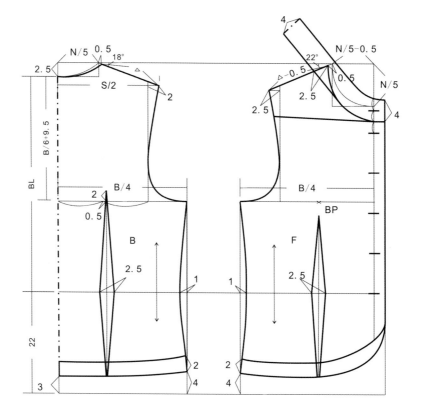

本 章 小 结

本章选取了前几章有代表性的服装款式进行了服装结构设计案例分析，运用平面结构设计方法、实际的号型及规格尺寸对具体的款式进行了纸样设计，并说明了具体的工艺要求和面料应用情况，旨在使学生掌握不同服装款式的结构设计，以提高学生实际操作的应用能力。

习　　题

1. 根据本书提供的女式服装效果图，任选一系列设计作品，按1：4的比例进行服装结构设计，并标注主要公式与数据，其号型为160/84A。

2. 根据系列设计的方法和要求，学生可自行设计3套系列服装，按1：4的比例进行服装结构设计，并标注主要公式与数据，其号型为160/84A。

参 考 文 献

[1] 吴静芳. 服装配饰学[M]. 上海：东华大学出版社，2005.

[2] 包铭新，等. 美国牛仔服[M]. 上海：上海文化出版社，2004.

[3] 桂继烈. 针织服装设计基础[M]. 北京：中国纺织出版社，2005.

[4] 余强. 服装设计概论[M]. 重庆：西南师范大学出版社，2008.

[5] 包昌法，须黎明. 服装设计理念[M]. 上海：上海科学技术文献出版社，2001.

[6] 陈东生，甘应进. 新编服装设计学[M]. 北京：中国轻工业出版社，2007.

[7] 袁仄，等. 服装设计学[M]. 北京：中国纺织出版社，2000.

[8] 鲁闽. 服装设计基础[M]. 杭州：中国美术学院出版社，2001.

[9] 陈长敏. 服装专题设计[M]. 北京：高等教育出版社，2000.

[10] 徐青青. 服装设计构成[M]. 北京：中国轻工业出版社，2001.

[11] 杨道圣. 服装美学[M]. 重庆：西南师范大学出版社，2003.

[12] 包铭新. 服装设计概论[M]. 上海：上海科学技术出版社，2001.

[13] 王可君，唐宇冰. 服装设计[M]. 长沙：湖南美术出版社，2004.

[14] 黄元庆，等. 服装色彩学[M]. 北京：中国纺织出版社，1991.

[15] 包铭新，等. 时装表演艺术[M]. 上海：东华大学出版社，1997.

[16] 邓跃青. 现代服装设计[M]. 青岛：青岛出版社，2004.

[17] 马大力，等. 服装材料选用技术与实务[M]. 北京：化学工业出版社，2005.

[18] 上海纺织高等专科学校. 服装造型设计[M]. 北京：中国纺织出版社，1998.

[19] 吴卫刚，牛玫荣. 服装设计概论[M]. 北京：中国纺织出版社，2000.

[20] 吴卫刚. 服装美学[M]. 北京：中国纺织出版社，2000.

[21] 沈雷. 针织服装设计与工艺[M]. 北京：中国纺织出版社，2005.

[22] 陈莹. 毛皮服装设计与工艺[M]. 北京：中国纺织出版社，2000.

[23] 刘晓刚. 基础服装设计[M]. 上海：东华大学出版社，2004.

[24] 王惠兰，等. 服装流行与设计[M]. 北京：中国纺织出版社，2000.

[25] 李莉婷. 服装色彩设计[M]. 北京：中国纺织出版社，2002.

[26] 鲁葵花，秦旭萍. 服装材料创意设计[M]. 长春：吉林美术出版社，2004.